绿色建筑施工技术与工程管理研究

张　鑫　陈密生　唐成有◎主编

哈尔滨出版社
HARBIN PUBLISHING HOUSE

图书在版编目（CIP）数据

绿色建筑施工技术与工程管理研究 / 张鑫, 陈密生, 唐成有主编. -- 哈尔滨 : 哈尔滨出版社, 2023.3
ISBN 978-7-5484-6894-3

Ⅰ. ①绿… Ⅱ. ①张… ②陈… ③唐… Ⅲ. ①生态建筑-施工管理 Ⅳ. ①TU18

中国版本图书馆CIP数据核字(2022)第216603号

书　　名：绿色建筑施工技术与工程管理研究
LÜSE JIANZHU SHIGONG JISHU YU GONGCHENG GUANLI YANJIU

作　　者：张　鑫　陈密生　唐成有　主编
责任编辑：赵海燕
封面设计：文　亮

出版发行：哈尔滨出版社（Harbin Publishing House）
社　　址：哈尔滨市香坊区泰山路82-9号　　邮编：150090
经　　销：全国新华书店
印　　刷：北京宝莲鸿图科技有限公司
网　　址：www.hrbcbs.com
E-mail：hrbcbs@yeah.net
编辑版权热线：（0451）87900271　87900272

开　　本：787mm×1092mm　1/16　印张：12　字数：261千字
版　　次：2023年3月第1版
印　　次：2023年3月第1次印刷
书　　号：ISBN 978-7-5484-6894-3
定　　价：68.00元

前　言

工程建设行业作为我国国民经济的支柱产业之一，在我国的经济建设中发挥着重要的作用。随着新型城市化战略的不断推进，国家对基础设施建设的投入不断加大，建筑业得到了空前的发展和繁荣。但是，工程建设行业在有效促进经济和社会发展的同时，也带来了巨大的能源消耗和环境污染，一方面消耗大量的水泥、钢材、木材等各种资源，另一方面产生大量的扬尘、噪声、废水和固体废弃物等污染，造成了负面的环境影响。因此，需要我们以“创新、协调、绿色、开放、共享”五大发展理念，推动工程建设行业的转型提质发展，建设资源集约型和环境友好型社会。

本书是一本关于绿色建筑施工技术与工程管理研究的专著，共八章。首先，对绿色建筑使用的材料和绿色建筑的评价标准进行了介绍；其次，探析了绿色建筑的施工技术；最后，对绿色施工管理方面进行了分析，以期提高绿色施工的质量，减少对环境的污染。

在撰写过程中，为提升本书的学术性与严谨性，笔者参阅了大量的文献资料，引用了一些同仁前辈的研究成果，因篇幅有限，不能一一列举，在此一并表示最诚挚的感谢。

由于作者水平有限，在撰写的过程中难免会存在一定不足，对一些相关问题的研究不够透彻，恳请前辈、同行以及广大读者指正。

目　录

第一章　绿色建筑材料

随着建筑行业给环境带来的创伤日益增多，绿色环保建筑材料的应用成为了未来发展的新方向。绿色建筑材料在原材料的选取及变为废弃物的过程中都以保护自然环境为基础，有效运用风能、太阳能及热能等，最大限度地降低环境污染。本章对建筑业中绿色建筑材料的应用进行了探讨。

第一节　绿色建筑材料概述

在探讨绿色建筑材料之前，应先明确绿色材料的概念。

人们对绿色材料比较形成共识的原则主要包括五个方面：占用人的健康、能源效率、资源效率、环境责任、可承受性。其中还包括对污染物的释放、材料的内耗、材料的再生利用、对水质和空气的影响等。

绿色建筑材料含义的范围比绿色材料要窄，对绿色建筑材料的界定，必须综合考虑建筑材料的生命周期全过程的各个阶段。

一、绿色建筑材料应具有的品质

1. 保护环境。材料尽量选用天然化、本地化、无害无毒且可再生、可循环的材料。

2. 节约资源。材料使用应该减量化、资源化、无害化，同时开展固体废物处理和综合利用技术。

3. 节约能源。在材料生产、使用、废弃及再利用等过程中耗能低，并且能够充分利用绿色能源，如太阳能、风能、地热能和其他再生能源。

二、绿色建筑材料的特点

1. 以低资源、低能耗、低污染生产的高性能建筑材料，如用现代先进工艺和技术生产的高强度水泥、高强钢等。

2. 能大幅度降低建筑物使用过程中耗能的建筑材料，如具有轻质、高强度、防水、保温、隔热、隔声等功能的新型墙体材料。

3. 具有改善居室生态环境和保健功能的建筑材料，如抗菌、除臭、调温、调湿、屏蔽有害射线的多功能玻璃、陶瓷、涂料等。

三、绿色建筑材料与传统建筑材料的区别

绿色建筑材料与传统建筑材料的区别，主要表现在如下几个方面：

1. 生产技术。绿色建材生产采用低能耗制造工艺和不污染环境的生产技术。

2. 生产过程。绿色建材在生产配置和生产过程中，不使用甲醛、卤化物溶剂或芳香烃；不使用含铅、镉、铬及其化合物的颜料和添加剂；尽量减少废渣、废气及废水的排放量，或使之得到有效的净化处理。

3. 资源和能源的选用。绿色建材生产所用原料尽可能少用天然资源，不应大量使用尾矿、废渣、垃圾、废液等废弃物。

4. 使用过程。绿色建材产品以改善人类生活环境、提高生活质量为宗旨，有利于人体健康。产品具有多功能的特征，如抗菌、灭菌、防毒、除臭、隔热、阻燃、防火、调温、调湿、消声、消磁、防辐射和抗静电等。

5. 废弃过程。绿色建材可循环使用或回收再利用，不产生污染环境的废弃物。

四、绿色建筑材料与绿色建筑的关系

绿色建筑材料是绿色建筑的物质基础，绿色建筑必须通过绿色建筑材料这个载体来实现。

将绿色建筑材料的研究、生产和高效利用能源技术与绿色建筑材料结合，是未来绿色建筑的发展方向。

加快发展防火隔热性能好的建筑保温系统和材料，积极发展烧结空心制品、加气混凝土制品、多功能复合一体化墙体材料、一体化屋面、低辐射镀膜玻璃、断桥隔热门窗、遮阳系统等建材。引导高性能混凝土、高强钢的发展利用。大力发展预拌混凝土、预拌砂浆。深入推进墙体材料革新，城市城区限制使用黏土制品，县城禁止使用实心黏土砖。发展改革、住房城乡建设、工业和信息化、质检等部门要研究建立绿色建材认证制度，编制绿色建材产品目录，引导规范市场消费。质检、住房城乡建设、工业和信息化部门要加强建材生产、流通和使用环节的质量监理和稽查，杜绝性能不达标的建材进入市场。积极支持绿色建材产业发展，组织开展绿色建材产业化示范。

第二节　国外绿色建材的发展及评价

在提倡和发展绿色建材的基础上，一些国家修建了居住或办公用样板绿色建筑。

1. 德国

德国的环境标志计划是世界上最早的环境标志计划，低 VOC 散发量的产品可获得“蓝天使”标志。考虑的因素主要包括污染物散发、废料产生、再次循环使用、噪声和有害物质等。对各种涂料规定最大 VOC 含量，禁用一些有害材料。对于木制品的基本材料，在标准室试验中的最大甲醛浓度为 0.1 毫克 / 立方米。此外，很多产品不允许含德国危险物资法令中禁用的任何填料。德国开发的“蓝天使”标志的建材产品，侧重于从环境危害大的产品入手，取得了很好的环境效益。在德国，带“蓝天使”标志的产品已超过 3500 个。“蓝天使”标志已为约 80% 的德国用户所接受。

2. 加拿大

加拿大是积极推动和发展绿色建材的北美国家。加拿大的 Ecologo 环境标志计划规定了材料中的有机物散发总量（TVOC），如水性涂料的 TVOC 指标为不大于 250 克 / 升，胶黏剂的 TVOC 规定为不大于 20 g/L，不允许用硼砂。

3. 美国

美国是较早提出使用环境标志的国家，均由地方组织实施，虽然至今对健康材料还没有做出全国统一的要求，但各州、市对建材的污染物已有严格的限制，而且要求越来越高。材料生产厂家都感觉到各地环境规定的压力，不符合限定的产品要缴纳重税和罚款。环保压力促进了很多产品的更新，特别是开发出越来越多的低有机挥发物含量的产品。华盛顿州要求为办公人员提供高效率、安全和舒适的工作环境，颁布建材散发量要求来作为机关采购的依据。

4. 丹麦

丹麦材料评价的依据是最常见的与人体健康有关的厌恶气味和黏液膜刺激两个项目。已经制定了两个标准：一个是关于织物地面材料的（如地毯、衬垫等）；另一个是关于吊顶材料和墙体材料的（如石膏板、矿棉、玻璃棉、金属板）。

5. 瑞典

瑞典的地面材料业很发达，大量出口，已实行了自愿性试验计划，测量其化学物质散发量。对地面物质及涂料和清漆，也在制定类似的标准，还包括混凝土外加剂。

6. 日本

日本政府对绿色建材的发展非常重视。日本科技厅制订并实施了“环境调和材料研究计划”。通产省制定了环境产业设想并成立了环境调查和产品调整委员会。近年来在绿色建材的产品研究和开发及健康住宅样板工程的兴趣等方面都获得了可喜的成果。如秩父 -

小野田水泥已建成了日产 50t 生态水泥的实验生产线；日本东陶公司研制成可有效地抑制杂菌繁殖和防止霉变的保健型瓷砖；日本铃木产业公司开发出具有调节湿度功能和防止壁面生霉的壁砖和可净化空气的预制板等。

7. 英国

英国是研究开发绿色建材较早的欧洲国家之一。英国建筑研究院（BRE）曾对建筑材料对室内空气质量产生的有害影响进行了研究；通过对臭味、真菌等的调研和测试，指出了污染物、污染源对室内空气质量的影响。通过对涂料、密封膏、胶黏剂、塑料及其他建筑制品的测试，确定了这些建筑材料在不同时间的有机挥发物散发率和散发量，对室内空气质量的控制、防治提出了建议，并着手研究开发了一些绿色建筑材料。

第三节　国内绿色建筑材料的发展及评价

“绿色”，是我国建筑发展的方向。我国的建材工业发展的重大转型期已经到来。主要表现为以下方面：从材料制造到制品制造的转变；从高碳生产方式到低碳生产方式的转变；从低端制造到高端制造的转变。

一、发展绿色建材的必要性

1. 高能源消耗、高污染排放的状况必须改变

传统建材工业发展，主要依靠资源和能源的高消耗支撑。建材工业是典型的资源依赖型行业。

当代的中国经济，一年消耗了全世界一年钢铁总量的 45%、水泥总量的 60%。一年消耗的能源占了全世界一年能源消耗总量的 20% 还多。建材工业能耗随着产品产量的提高逐年增大，建材工业以窑炉生产为主，以煤为主要消耗能源，生产过程中产生的污染物对环境有较大的影响，主要排放的污染物有粉尘和烟尘、二氧化硫、氮氧化物等，特别是粉尘和烟尘的排放量大。为了改变建材高资源消耗和高污染排放的状况，必须发展绿色建材。

2. 建材工业可持续发展必须发展绿色建材

实现建材工业的可持续发展，就要逐步改变传统建筑材料的生产方式，调整建材工业产业结构。依靠先进技术，充分合理地利用资源，节约能源，在生产过程中减少对环境的污染，加大对固体废弃物的利用。

绿色建材是在传统建材的基础之上应用现代科学技术发展起来的高技术产品，它采用大量的工业副产品及废弃物为原料，其生产成本比使用天然资源会有所降低，因而会取得比生产传统建材更好的经济效益，这是在市场经济条件下可持续发展的原动力。

例如，普通硅酸盐水泥不仅要求高品位的石灰石原料烧成温度在 1450℃以上，消耗

更多能源和资源，而且排放更多的有害气体。据统计，水泥工厂所排放的 CO_2，占全球 CO_2 排放量的 5% 左右，CO_2 主要来自石灰石的煅烧。如采用高新技术研究开发节能环保型的高性能贝利特水泥，其烧成温度仅为 1200℃~1250℃，预计每年可节省 1000 万吨标准煤，可减少 CO_2 总排放量 25% 以上，并且可利用低品位矿石和工业废渣为原料，这种水泥不仅具有良好的强度、耐久性和抗化学侵蚀性，而且所产生的经济和社会效益也十分显著。如我国的火力发电厂每年产生粉煤灰约 1.5 亿吨，要将这些粉煤灰排入灰场需增加占地约 1000 公顷，由此造成的经济损失每年高达 300 亿元，如将这些粉煤灰转化为可利用的资源，所取得的经济效益将十分可观。

3. 有利于人类的生存与发展必须发展绿色建材

良好的人居环境是人体健康的基本条件，而人体健康是对社会资源的最大节约，也是人类社会可持续发展的根本保证。绿色建材避免使用对人体十分有害的甲醛、芳香族碳氢化合物及含有汞、铅、铬化合物等物质，可有效减少居室环境中的致癌物质的出现。使用绿色建材减少了 CO_2、SO_2 的排放量，可有效减轻大气环境的恶化，减缓温室效应。没有良好的人居环境，没有人类赖以生存的能源和资源，也就没有了人类自身，因此，为了人类的生存和发展必须发展绿色建材。

二、国内绿色建材发展的现状

随着我国社会的发展，绿色建筑材料得到了合理的运用。作为建筑工业中的重要材料，绿色建筑材料主要有墙体、保温隔热及绿色装饰等材料。而这些绿色材料的运用，不仅能够使资源得到一定的节约，促进生态环境的保护与发展，还能使建筑行业走向可持续发展的道路。因此，当前发达国家对这些材料的研发较为广泛，而且一些著名企业也对这些材料的运用展开了积极关注。目前来看，我国的绿色建筑材料主要有生态水泥、绿色真空玻璃及墙体材料等。另外，还有其他的新型材料，如陶瓷、除臭卫生洁具等。总之这些材料的积极运用，符合我国环境保护与资源节约的理念，能够促进我国经济社会的发展与建设。

按照土木工程材料功能分类，下面分别以结构材料和功能材料的发展做相关补充介绍：

1. 结构材料

传统的结构用建筑材料有木材、石材、黏土砖、钢材和混凝土。当代建筑结构用材料主要为钢材和混凝土。

（1）木材、石材

木材、石材是自然界提供给人类最直接的建筑材料，不经加工或通过简单的加工就可用于建筑。木材和石材消耗自然资源，如果自然界的木材的产量与人类的消耗量相平衡，那么木材应是绿色的建筑材料；石材虽然消耗了矿山资源，但由于它的耐久性较好、生产能耗低、重复利用率高，也具有绿色建筑材料的特征。

能取代木材的绿色建材还不是很多，其中应用较多的是一种绿色竹材人造板，竹材资源已成为替代木材的后备资源。竹材人造板是以竹材为原料，经过一系列的机械和化学加工，在一定的温度和压力下，借助胶黏剂或竹材自身的结合力的作用，胶合而成的板状材料，具有强度高、硬度大、韧性好、耐磨等优点，可用替代木材做建筑模板等。

（2）砌块

黏土砖虽然能耗比较低，但是是以毁坏土地为代价的。今后墙体绿色材料主要发展方向，是利用工业废渣替代部分或全部天然黏土资源。

全国每年产生的工业废渣数量巨大、种类繁多、污染环境严重。

我国对工业废渣的利用做了大量的研究工作，实践证明，大多数工业废渣都有一定的利用价值。报道较多且较成熟的方法是将工业废渣粉磨达到一定细度后，作为混凝土胶凝材料的掺合料使用，该种方法适用于粉煤灰、矿渣、钢渣等工业废渣。对于赤泥、磷石膏等工业废渣，国外目前还没有大量资源化利用的文献报道。

建筑行业是消纳工业废渣的大户。据统计，全国建筑业每年消耗和利用的各类工业废渣数量在 5.4 亿吨左右，约占全国工业废渣利用总量的 80%。

全国有 1/3 以上的城市被垃圾包围。全国城市垃圾堆存累计占用土地 75 万亩。其中建筑垃圾占城市垃圾总量的 30%~40%。如果能循环利用这些废弃固体物，绿色建筑将可实现更大的节能。

1）废渣砌块主要种类：

粉煤灰蒸压加气混凝土砌块（以水泥、石灰、粉煤灰等为原料，经磨细、搅拌浇筑、发气膨胀、蒸压养护等工序制造而成的多孔混凝土）。

磷渣加气混凝土（在普通蒸压加气混凝土生产工艺的基础上，用富含 CaO、SiO_2 的磷废渣来替代部分硅砂或粉煤灰作为提供硅质成分的主要结构材料）。

磷石膏砌块（磷铵厂和磷酸氢钙厂在生产过程中排出的废渣，制成磷石膏砌块等）。

粉煤灰砖（以粉煤灰、石灰或水泥为主要原料，掺和适量石膏、外加剂、颜料和集料等，以坯料制备、成型、高压或常压养护制成的粉煤灰砖）。

粉煤灰小型空心砌块，以粉煤灰、水泥、各种轻重集料、水为主要组分（也可加入外加剂等）拌和制成的小型空心砌块。

2）技术指标与技术措施

废渣蒸压加气混凝土砌块施工详见国家标准设计图集，后砌的非承重墙、填充墙或墙与外承重墙相交处，应沿墙高 900~1000 毫米处用钢筋与外墙拉接，且每边伸入墙内的长度不得小于 700 毫米。

废渣蒸压加气混凝土砌块适用于多层住宅的外墙、框架结构的填充墙、非承重内隔墙；作为保温材料，用于屋面、地面、楼面以及易于“热桥”部位的结构，也可做墙体保温材料。

适用于夏热冬冷地区和夏热冬暖地区的外墙、内隔墙和分户墙。

建筑加气混凝土砌块之所以在世界各国得到迅速发展，是因为它有一系列的优越性，如节能减排等。废渣加气混凝土砌块作为建筑加气混凝土砌块中的新型产品，比普通加气混凝土砌块更具有优势，具有良好的推广应用前景。

高强耐水磷石膏砌块和磷石膏盲孔砌块可适用于砌体结构的所有建筑的外墙和内填充墙；不得用于长期受热（200℃以上），受急冷急热和有酸性介质侵蚀的建筑部分。适用于工业和民用建筑中框架结构及墙体结构建筑的非承重内隔墙，空气湿度较大的场合，应选用防潮石膏砌块。由于石膏砌块具有质轻、隔热、防火、隔声等良好性能，可锯、钉、铣、钻，表面平坦光滑，不用墙体抹灰等特点，具有良好的推广应用前景。

粉煤灰混凝土小型空心砌块适用于工业与民用建筑房屋的承重和非承重墙体。其中承重砌块强度等级分为 MU7.5~MU20，可用于多层及中高层（8~12 层）结构；非承重砌块强度等级＞ MU3.0 时，可用于各种建筑的隔墙、填充墙。

粉煤灰混凝土小型空心砌块为住房和城乡建设部、国家科委重点推广产品，除具有粉煤灰砖的优点外，还具有轻质、保温、隔声、隔热、结构科学、造型美观、外观尺寸标准等特点，是替代传统墙体材料——黏土实心砖的理想产品。

绿色墙体材料品种主要有黏土空心砖、非黏土砖、加气混凝土砌块等。绿色墙体材料虽然发展很快，但代表墙体材料现代水平的各种轻板、复合板所占比重仍很小，还不到整个墙体材料总量的 1%，与工业发达国家相比，相对落后 40~50 年。主要表现如下：产品档次低、工艺装备落后、配套能力差。

（3）钢材

钢材的耗能和污染物排放量在建筑材料中第一。由于钢材的不可替代性，“绿色钢材”主要发展方向是在生产过程中如何提高钢材的绿色“度”，如在环保、节能、重复使用方面，研究发展新技术，加快钢材的绿色化进程，如提高钢强度、轻型、耐腐蚀等。

（4）混凝土

混凝土是由水泥和集料组成的复合材料。生产能耗大，主要是由水泥生产造成的。传统的水泥生产需要消耗大量的资源与能量，并且对环境的污染大。水泥生产工艺的改善是绿色混凝土发展的重要方向。目前水泥绿色生产工艺主要采用新型干法生产工艺取代落后的立窑等工艺。

当今土木工程使用的绿色混凝土主要有低碱性混凝土、多孔（植生）混凝土、透水混凝土、生态净水混凝土等。其中应用较广泛的是多孔（植生）混凝土。

多孔（植生）混凝土也称为无砂混凝土，直接用水泥作为黏结剂连接粗骨料，它具有连续空隙结构的特征。其透气和透水性能良好，连续空隙可以作为生物栖息繁衍的空间，可以降低环境负荷。

绿色高性能混凝土是当今世界上应用最广泛、用量最大的土木工程材料，然而在许多国家混凝土都面临劣化现象以及耐久性不良的严重问题。因劣化引起混凝土结构开裂，甚至崩塌的事故屡屡发生，其中水工、海工建筑与桥梁尤为多见。

混凝土作为主要建筑材料，耐久的重要性不亚于强度。我国正处于建设高速发展时期，大量高层、超高层建筑及跨海大桥对耐久性有更高的要求。绿色混凝土是混凝土的发展方向。绿色混凝土应满足如下的基本条件：

所使用的水泥必须为绿色水泥。此处的“绿色水泥”是针对“绿色”水泥工业来说的。绿色水泥工业是指将资源利用率和二次能源回收率均提高到最高水平，并能够循环利用其他工业的废渣和废料；技术装备上更加强化了环境保护的技术和措施；粉尘、废渣和废气等的排放几乎为零，真正做到不仅自身实现零污染、无公害，还因循环利用其他工业的废料、废渣而帮助其他工业进行“三废”消化，最大限度地改善环境。

最大限度地节约水泥熟料用量，减少水泥生产中的 NO_2、SO_2、NO 等气体，以减少对环境的污染。

更多地掺入经过加工处理的工业废渣，如磨细矿渣、优质粉煤灰、硅灰和稻壳灰等作为活性掺合料，以节约水泥、保护环境，并改善混凝土耐久性。

大量应用以工业废液尤其是黑色纸浆废液为原料制造的减水剂，以及在此基础上研制的其他复合外加剂，帮助造纸工业消化处理难以治理的废液排放污染江河的问题。

集中搅拌混凝土和大力发展预拌混凝土，消除现场搅拌混凝土所产生的废料、粉尘和废水，并加强对废料和废水的循环使用。

发挥 HPC 的优势，通过提高强度、减小结构截面积或结构体积，减少混凝土用量，从而节约水泥、砂、石的用量；通过改善和易性提高浇筑密实性，通过提高混凝土耐久性，延长结构物的使用寿命，进一步节约维修和重建费用，做到对自然资源有节制地使用。

砂石料的开采应该有序且以不破坏环境为前提。积极利用城市固体垃圾，特别是拆除的旧建筑物和构筑物的废弃混凝土、砖、瓦及废物，代替天然砂石料，减少砂石料的消耗，发展再生混凝土。

2. 功能材料

建筑绿色功能材料主要体现在以下三个方面：

一是节能功能材料。如各类新型保温隔热材料，常见的产品主要有聚苯乙烯复合板、聚氨酯复合板、岩棉复合板、钢丝网架聚苯乙烯保温墙板、中空玻璃、太阳能热反射玻璃等。二是充分利用天然能源的功能材料。将太阳能发电、热能利用与建筑外墙材料、窗户材料、屋面材料和构件一体化，如太阳能光电屋顶、太阳能电力墙、太阳能光电玻璃等。三是改善居室生态环境的绿色功能材料，如健康功能材料（抗菌材料、负离子内墙涂料）、调温、调湿内墙材料、调光材料、电磁屏蔽材料等。

（1）保温隔热材料

保温隔热材料在国外的最大用户是建筑业，约占产量的 80%，而我国建筑业市场尚未完全打开，其应用仅占产量的 10%；

生产工艺整体水平和管理水平需进一步提高，产品质量不够稳定；

科研投入不足，应用技术研究和产品开发滞后，特别是保温材料在建筑中的应用技术研究与开发方面，多年来进展缓慢，严重地影响了保温材料工业的健康发展。

加强新型保温隔热材料和其他新型建材制品设计施工应用方面的工作，是发展新型建材工业的当务之急。

当今，全球保温隔热材料正朝着高效、节能、薄层、防水外护一体化方向发展。

（2）防水材料

建筑防水材料是一类能使建筑物和构筑物具有防渗、防漏功能的材料，是建筑物的重要组成部分。建筑防水材料应具有的基本性能：防渗防漏、耐候（温度稳定性）、具有拉力（延伸性）、耐腐蚀、工艺性好、耗能少、环境污染小。

传统防水材料的缺点：热施工、污染环境、温度敏感性强、施工工序多、工期长。改革开放以来，我国建筑防水材料获得了较快的发展，体现了“绿色”：一是材料“新”，二是施工方法“新”。

新型防水材料的开发、应用，它不仅在建筑中与密封、保温要求相结合，也在舒适、节能、环保等各个方面提出更新的标准和更高的要求。应用范围已扩展到铁路、高速公路、水利、桥梁等各个领域。

如今，我国已能开发与国际接轨的新型防水材料。

当前，按国家建材行业及制品导向目录要求及市场走势，SBS、APP改性沥青防水卷材仍是主导产品。高分子防水卷材重点发展三元乙丙橡胶（EPDM）、聚氯乙烯（PVC）P型两种产品，并积极开发热塑性聚烯烃（TPO）防水卷材。防水涂料前景看好的是聚氯酯防水材料（尤其是环保单组分）及丙烯酸酯类。密封材料仍重点发展硅酮、聚氨酯、聚硫、丙烯酸等。

新型防水材料应用于工业与民用建筑，除用于住宅建筑的屋面、地下室、厕浴、厨房、地面建筑外墙防水外，还将广泛用于新建铁路、高速公路、轻轨交通（包括桥面、隧道）、水利建设、城镇供水工程、污水处理工程、垃圾填埋工程等。

建筑防水材料随着现代工业技术的发展，正在趋向于高分子材料化。国际上形成了“防水工程学”“防水材料学”等学科。

日本是建筑防水材料发展最快的国家之一。多年来，它们注意汲取其他国家防水材料的先进经验，并大胆使用新材料、新工艺，使建筑防水材料向高分子化方向发展。建筑简便的单层防水，建筑防水材料趋向于冷施工的高分子材料，是我国今后建筑绿色防水材料的发展方向。

（3）装饰装修材料

随着我国经济的发展和城镇化建设的加快，建筑装饰装修已经成为一个独立的新兴行业。

建筑装饰装修的作用：保护建筑物的主体结构，完善建筑物的使用功能，美化建筑物。装饰装修对美化城乡建筑，改善人居和工作环境具有十分重要的意义，人们已经认识到了改善人居环境绝不能以牺牲环境和健康作为代价。

绿色装饰装修材料使用的基本条件：环保、节能、多功能、耐久。

三、绿色建筑材料的评价

1. 绿色建筑材料评价的体系

（1）单因子评价

单因子评价，即根据单一因素及影响因素确定其是否为绿色建材。例如，对室内墙体涂料中有害物质限量（甲醛、重金属、苯类化合物等）做出具体数位的规定，符合规定的就认定为绿色建材，不符合规定的则为非绿色建材。

（2）复合类评价

复合类评价，主要由挥发物总含量、人体感觉试验、防火等级和综合利用等指标构成。并非根据其中一项指标判定是否为绿色建材，而是根据多项指标综合判断，最终给出评价，确定其是否为绿色建材。

从以上两种评价方式可以看出，绿色建材是指那些无毒无害、无污染、不影响人和环境安全的建筑材料。这两种评价实际就是从绿色建材定义的角度展开，同时是对绿色建材内涵的诠释，不能完全体现出绿色建材的全部特征。这种评价的主要缺陷局限于成品的某些个体指标，而不是从整个生产过程综合评价，不能真正地反映材料的绿色化程度。同时，它只考虑建材对人体健康的影响，并不能完全反映其对环境的综合影响。这样就会造成某些生产商对绿色建材内涵的片面理解，为了达到评价指标的要求，忽视消耗的资源、能源及对环境的影响已经远远超出了绿色建材所要求的合理范围。例如，某新型墙体材料能够替代传统的黏土砖同时能够利用固体废弃物，从这里可能评价为符合绿色建材的标准，但从生产过程来看，若该种墙体材料的能耗或排放的“三废”远远高于普通黏土砖，我们就不能称它为绿色建材。

故单因子评价、复合类评价只能作为一种简单的鉴别绿色建材的手段。

（3）全生命周期（LCA）评价

一种对产品、生产工艺及活动对环境的压力进行评价的客观过程。这种评价贯穿于产品、工艺和活动的整个生命周期。包括原材料的采取与加工、产品制造、运输及销售产品的使用、再利用和维护、废物循环和最终废物弃置等方面。它是从材料的整个生命周期对自然资源、能源及对环境和人类健康的影响等多方面多因素进行定性和定量评估，能全面而真实地反映某种建筑材料的绿色化程度，定性和定量评估提高了评价的可操作性。尽管生命周期评价是目前评价建筑材料的一种重要方法，但也有其局限性：

建立评估体系需要大量的实践数据和经验累积，评价过程中的某些假设与选项有可能带有主观性，会影响评价的标准性和可靠性；

评估体系及评估过程复杂，评估费用较高。就我国目前的情况来看，利用该方法对我国绿色建材进行评价还存在一定的难度。

2. 制定适合我国国情的绿色建材评价体系

我国绿色建材评价系统起步较晚，但为了把我国的绿色建材提高到一个新的水平，故需要制定一部科学而又适合我国国情的绿色建材评价标准和体系。

（1）绿色建材评价应考虑的因素

1）评价应选用使用量大而广的绿色建材

从理念上讲，绿色建材评价应针对全部建材产品，但考虑到我国目前建材的发展水平和在建材方面的评估认证等相关基础工作开展情况，我国的建材评价体系不可能全部覆盖。建材处于不同发展阶段，相应的评价标准也不尽相同。评价体系最初主要从使用量最大、使用范围最广、人们最关心的开始。随着建材工业的发展和科技的进步，不断地对标准进行完善，逐步扩大评价范围。

2）评价必须满足的两大标准

一是质量指标，主要指现行国家或行业标准规定的产品的技术性能指标，其标准应为国家或行业现行标准中规定的最低值或最高值，必须满足质量指标才有资格参与评定绿色建材；二是环境（绿色）指标，是指在原料采取、产品制造、使用过程和使用以后的再生循环利用等环节对资源、能源、环境影响和对人类身体健康无危害化程度的评价指标。同时，为鼓励生产者改进工艺，淘汰落后产能，提高清洁生产水平，也可设立相应的附加考量标准。

3）评价必须与我国建材技术发展水平相适应

评价要充分考虑消费者、生产者的利益，绿色建材评价标准的制定必须与我国建材技术的发展水平相适应。评价不能安于现状，还要根据社会可持续发展的要求，适应生产力发展水平。同时，体系应有其动态性，随着科技的发展，相应的指标限值必将做出适当的调整。此外，要充分考虑消费者和生产者的利益。某些考虑指标的具体限值要在充分调研的基础上确定，既不能脱离生产实际，将其仅仅定位于国家相关行业标准的水平，也不能一味地追求“绿色”，将考量指标的限位定位过高。科学的评价标准不仅能使广大消费者真正使用绿色建材，也能促使我国建材生产者规范其生产行为，促进我国建材行业的发展。

（2）绿色建材的评价需要考虑的原则

相对性原则。绿色建筑材料都是相对的，需要建立绿色度的概念和评价方法。例如，混凝土、玻璃、钢材、铝型材、砖、砌块、墙板等建筑结构材料，在生命周期的不同阶段的绿色度是不同的。

耐久性原则。建筑的安全性建立在建筑的耐久性之上，建筑材料的寿命应该越长越好。耐久性应该成为评价绿色建材的重要原则。

可循环性原则。对建筑材料及制品的可循环要求是指建筑整体或部分废弃后，材料及构件制品的可重复使用性，即不能使用后的废弃物作为原料的可再生性。这个原则是绿色建材的必然要求。

经济性原则。绿色建筑和绿色建材的发展毕竟不能超越社会经济的发展，逐步提高绿色建材的绿色度要求，在满足绿色建筑和绿色建材设计要求的前提下，要尽量节约成本。

第四节 绿色建筑材料的应用

一、结构材料

1. 石膏砌块

建筑石膏砌块是以建筑石膏为主要原料，经加水搅拌、浇筑成型和干燥制成的轻质建筑石膏制品。生产中加入轻集料发泡剂以降低其质量，或加入水泥、外加剂等以提高其耐水性和强度。石膏砌块分为实心砌块和空心砌块两类，品种规格多样，施工非常方便，是一种非承重的绿色隔墙材料。

国际上已公认石膏砌块是可持续发展的绿色建材产品，在欧洲占内墙总用量的 30% 以上。

石膏砌块的优良特性：

（1）减轻房屋结构自重。降低承重结构及基础的造价，提高了建筑的抗震能力。

（2）防火好。石膏本身所含的结晶水遇火汽化成水蒸气，能有效地防止火灾蔓延。

（3）隔声保温。质轻导热系数小，能衰减声压与减缓声能的透射。

（4）调节湿度。能根据环境湿度变化，自动吸收、排出水分，使室内湿度相对稳定，居住舒适。

（5）施工简单。墙面平整度高，无须抹灰，可直接装修，缩短施工工期。

（6）增加面积。墙身厚度减小，增加了使用面积。

2. 陶粒砌块

目前我国的城市污水处理率达 80% 以上，处理污泥的费用很高。将污泥与煤粉灰混合做成陶粒骨料砌块，用来做建筑外墙的围护结构，陶粒空心砌块的保温节能效果可以达到节能的 50% 以上。

粉煤灰陶粒小型空心砌块的特点：施工不用界面剂、不用专用砂浆、施工方法似同烧结多孔砖。隔热保温、抗渗抗冻、轻质隔声。根据施工需求的不同，可以生产不同 Mu 等级的陶粒空心砌块。

二、装饰装修材料

1. 硅藻泥

硅藻泥是一种天然环保装饰材料，用来替代墙纸和乳胶漆，适用于公共和居住建筑的内墙装饰。

硅藻泥的主要原材料是历经亿万年形成的硅藻矿物——硅藻土，硅藻是一种生活在海洋中的藻类，经亿万年的矿化后形成硅藻矿物，其主要成分为蛋白石。质地轻柔、多孔。电子显微镜显示，硅藻是一种纳米级的多孔材料，孔隙率高达90%。其分子晶格结构特征决定了其独特的功能：

（1）天然环保。硅藻泥由纯天然无机材料构成，不含任何有害物质。

（2）净化空气。硅藻泥产品具备独特的“分子筛”结构和选择性吸附性能，可以有效去除空气中的游离甲醛、苯、氨等有害物质及因宠物、吸烟、垃圾所产生的异味，净化室内空气。

（3）色彩柔和。硅藻泥选用无机颜料调色，色彩柔和。墙面反射光线自然柔和，不容易产生视觉疲劳，尤其对保护儿童视力效果显著。硅藻泥墙面颜色持久，长期如新，减少墙面装饰次数，节约了居住成本。

（4）防火阻燃。硅藻泥防火阻燃，当温度上升至1300℃时，硅藻泥仅呈熔融状态，不会产生有害气体。

（5）调节湿度。不同季节及早晚环境空气温度的变化，硅藻泥可以吸收或释放水分，自动调节室内空气湿度，使之达到相对平衡。

（6）吸声降噪。硅藻泥具有降低噪声的功能，可以有效地吸收对人体有害的高频音段，并衰减低频噪功能。

（7）不沾灰尘。硅藻泥不易产生静电，表面不易落尘。

（8）保温隔热。硅藻泥热传导率很低，具有非常好的保温隔热性能，其隔热效果是同等厚度水泥砂浆的6倍。

2. 液体壁纸

液体壁纸又称壁纸漆，是集壁纸和乳胶漆特点于一身的环保水性涂料。把涂料从人工合成的平滑型时代带进天然环保型凹凸涂料的全新时代，成为现代空间最时尚的装饰元素。液体壁纸采用丙烯酸乳液、钛白粉、颜料及其他助剂制成，也有采用贝壳类表体经高温处理而成，具有良好的防潮、抗菌性能，还有不易生虫、耐酸碱、不起皮、不褪色、不开裂、不易老化等众多优点。

3. 生态环境玻璃

玻璃工业是高能耗、高污染（平板玻璃生产主要产生粉尘、烟尘和SO_2等）的产业。生态环境玻璃是指具有良好的使用性能或功能，对资源能源消耗少和对生态环境污染小，再生利用率高或可降解与循环利用，在制备、使用、废弃直到再生利用的整个过程与环境协调共存的玻璃。

其主要功能是降解大气中由于工业废气和汽车尾气的污染和有机物污染，积聚在玻璃表面的液态有机物，抑制和杀灭环境中的微生物，并且玻璃表面呈超亲水性，对水完全保湿，可以隔离玻璃表面与吸附的灰尘、有机物，使这些吸附物不易与玻璃表面结合，在外界风力、雨水淋和水冲洗等外力和吸附物自重的推动下，灰尘和油腻自动从玻璃表面剥离，达到去污和自洁的要求。在作为结构和采光用材的同时，转向控制光线、调节湿度、节约能源、安全可靠、减少噪声等多功能方向发展。

第二章 绿色建筑评价标准

绿色建筑是可持续发展战略的重要体现，绿色建筑是我国建筑未来发展的主要形式，做好绿色建筑评价标准对绿色建筑发展非常重要。本章对建设绿色建筑的主要评价标准进行了简要分析。

第一节 绿色建筑评价的基本要求和评价方法

1. 总则

为贯彻国家技术经济政策，节约资源，保护环境，规范绿色建筑的评价，推进可持续发展，制定本标准。

（1）本标准适用于绿色民用建筑的评价。

（2）绿色建筑评价应遵循因地制宜的原则，结合建筑所在地域的气候、环境、资源、经济及文化等特点，对建筑全寿命期内节能、节地、节水、节材、保护环境等性能进行综合评价。

（3）绿色建筑的评价除应符合本标准的规定外，还应符合国家现行有关标准的规定。

2. 基本规定

绿色建筑的评价应以单栋建筑或建筑群为评价对象。评价单栋建筑时，凡涉及系统性、整体性的指标，应基于该栋建筑所属工程项目的总体进行评价。

（1）绿色建筑的评价分为设计评价和运行评价。设计评价应在建筑工程施工图设计文件审查通过后进行，运行评价应在建筑通过竣工验收并投入使用一年后进行。

（2）申请评价方应进行建筑全寿命期技术和经济分析，合理确定建筑规模，选用适当的建筑技术、设备和材料，对规划、设计、施工、运行阶段进行全过程控制，并提交相应分析测试报告和相关文件。

（3）评价机构应按本标准的有关要求，对申请评价方提交的报告、文件进行审查，出具评价报告，确定等级。对申请运行评价的建筑，应进行现场考察。

3. 评价与等级划分

绿色建筑评价指标体系由节地与室外环境、节能与能源利用、节水与水资源利用、节材与材料资源利用、室内环境质量、施工管理、运营管理 7 类指标组成。每类指标均包括控制项和评分项。评价指标体系还统一设置加分项。

设计评价时，不对施工管理和运营管理两类指标进行评价，但可预评相关条文。运行评价应包括 7 类指标。

控制项的评定结果为满足或不满足：评分项和加分项的评定结果为分值。

绿色建筑评价应按总得分确定等级。

评价指标体系 7 类指标的总分均为 100 分。7 类指标各自的评分项得分 Q1、Q2、Q3、Q4、Q5、Q6、Q7，按参评建筑该类指标的评分项实际得分值除以适用于该建筑的评分项总分值再乘以 100 分计算。

$$EQ=W1Ql+W2Q2+W3Q3+W4Q4+W5Q5+W606+W7Q7+Q8$$

W1 节能与能源利用、W2 节水与水资源利用、W3 节材与材料资源利用、W4 室内环境质量、W5 施工管理、W6 运营管理、W7 设计评价：

——居住建筑 0.21、0.24、0.20、0.17、0.18

——公共建筑 0.16、0.28、0.18、0.19、0.19

——运行评价居住建筑 0.17、0.19、0.16、0.14、0.14、0.10、0.10

——公共建筑 0.13、0.23、0.14、0.15、0.15、0.10、0.10

注：1. 上述“——”表示施工管理和运营管理两类指标不参与设计评价。

2. 对于同时具有居住和公共功能的单体建筑，各类评价指标权重取为居住建筑和公共建筑所对应权重的平均值。

绿色建筑分为一星级、二星级、三星级三个等级。三个等级的绿色建筑均应满足本标准所有控制项的要求，且每类指标的评分项得分不应小于 40 分。当绿色建筑总得分分别达到 50 分、60 分、80 分时，绿色建筑等级分别为一星级、二星级、三星级。

第二节　节地与室外环境

“节地”是绿色建筑“四节一环保”的重要组成部分，体现着绿色建筑以人为本、倡导低碳生活的发展理念，是建设项目前期科学规划、合理布局、精心设计必须落实的核心技术要点，主要涉及资源与环境保护、卫生与安全等关键性要求及土地利用、室外环境、交通设施与公共服务、场地设计与场地生态等评价内容。

1. 新版标准控制项的确定

本次修订工作对原标准的控制项进行了认真的梳理，并依据有关规定，将涉及自然资源和历史文化遗产保护、卫生与安全及环境保护的内容列入控制项，包括项目选址、场地安全、污染物排放和建筑日照 4 个重要条文，以“达标”或“不达标”进行评判。

（1）该控制条文的设置，强化了绿色建筑应符合国家有关法定规划的规定，强调了绿色建筑的建设应满足自然资源和历史文化遗产保护的要求。“项目选址应符合所在地城乡规划”：绿色建筑建设项目应选择在城市总体规划、镇总体规划确定的城市建设用地内，并符合所在地控制性详细规划的有关规定。“且应符合各类保护区、文物古迹保护的建设控制要求”条文的“各类保护区”是指受到国家法律法规保护、划定有明确的保护范围、制定有相应的保护措施的各类政策区，主要包括基本农田保护区、风景名胜区、自然保护区、历史文化名城名镇名村、历史文化街区等。“文物古迹”是指人类在历史上创造的具有价值的不可移动的实物遗存，包括地面与地下的古遗址、古建筑、古墓葬、石窟寺、古碑石刻、近代代表性建筑、革命纪念建筑等。

（2）该控制条文的设置，阐明了绿色建筑建设应确保建设项目场地的安全。建设项目场地与各类危险源的距离应满足相应危险源的安全防护距离等控制要求；若存在不利地段或潜在危险源，则应采取必要的避让、防护或控制、治理等措施；若存在有毒有害物质（如原三类工业用地转为民用，土壤已受到不同程度污染的），则应采取必要的治理与防护措施进行无害化处理，确保符合国家有关标准的规定。

（3）该控制条文的设置，阐明了绿色建筑不能成为污染源对周边环境产生污染。绿色建筑项目不应存在超标排放的气态、液态或固态的污染源，包括易产生噪声的营业场所、油烟未达标排放的厨房、煤气或工业废气超标排放的燃煤锅炉房、污染物排放超标的垃圾堆（场）等。若有污染源存在，应积极采取相应的治理措施并达到无超标污染物排放的要求。

（4）该控制条文的设置，意在提请规划师、建筑师，关注绿色建筑项目初期的建筑布局与建筑设计，充分结合自然环境和气候特点，最大限度地为建筑及其主要用房提供良好的日照条件，这将有利于降低建筑的运营能耗，从根本上达到绿色建筑节能、环保的目的。日照与建筑室内的空气质量密切相关，我国现行的国家标准或行业标准对住宅、宿舍、幼儿园、医院、疗养院、中小学校等建筑制定了相应的日照、消防、视觉卫生等控制标准，直接影响着建筑总体布局、建筑间距和平面设计。绿色建筑的日照标准在执行中应遵循以下原则：有国家标准也有地方标准的，执行要求高者；没有国家标准但有地方标准的，执行地方标准；没有标准限定的，符合项目所在地城乡规划的要求即为达标。“不降低周边建筑的日照标准”是指对于新建项目的建设，应满足周边建筑有关日照标准的要求。对于改造项目分两种情况，周边建筑改造前满足日照标准的，应保证其改造后仍符合相关日照标准的要求：周边建筑改造前未满足日照标准的，改造后不可再降低其原有的日照水平。此外，绿色建筑在进行日照模拟计算时，其计算范围应包含周边可能将受到影响或可能影响到本项目日照的建筑，尤其是高层建筑。

2. 新版标准评分项的确定

本次修订工作对原标准逐条进行了梳理，并以节地的重要环节、相关现行国家标准规定的强制性条文作为绿色建筑评价的高分项，通过修改、归并和增补等修订工作，设置了土地利用、室外环境、交通设施与公共服务、场地设计与场地生态四部分内容，共涉及15个评价条文。

（1）土地利用：土地利用涉及节约集约用地、绿化用地设置、地下空间利用三个重要的评价条文，分别对居住建筑和公共建筑进行评价，满分 34 分；是评价绿色建筑项目节约集约利用土地的关键性内容和指标。在条文评价内容及其得分权重的设置上，旨在鼓励建设项目适度提高容积率、建设普通住宅并充分利用地下空间，从而实现提高土地使用效率、节约集约利用土地的目的；同时引导建设项目优化建筑布局与设计，设置更多的绿化用地，提高土地使用的生态功能，从而改善和美化环境、调节小气候、缓解城市热岛效应。

1）对于居住建筑：以人均居住用地指标对建设项目进行节地评价，鼓励建设普通住宅，单套建筑面积过大的住宅建设项目无疑会因此丢分。同时新版标准明确了绿色建筑不包括别墅类项目，虽然别墅属于居住建筑，但因人均占有的土地资源过大不符合我国节约集约用地的基本国策。此外，指标及其得分权重的设置都体现了以人为本的建设理念，鼓励住区建设更多的公共绿地，为居民提供方便、优质的户外交往空间和活动空间，达到提升住区环境、提高生活质量的目的。

2）对于公共建筑：就节地而言，绿色建筑鼓励采用较高的容积率，适度提高土地使用效率。对于因建筑的使用功能等约束，容积率不可能提高的建设项目，但可以通过优化建筑总体布局、精心进行场地设计等技术手段，在创造更高的绿地率及提供更多的开敞空间或公共空间等方面为环境和社会做出贡献，从而在本章其他条款获得更好的评价。“绿地向社会公众开放”旨在鼓励公共建筑项目优化布局，创造更多更加宜人的绿地等公共空间；鼓励绿地或绿化广场设置休憩、娱乐等设施并定时向社会公众免费开放，以提供更多的公共活动场所。地下空间的开发与利用是城市节约集约用地的重要措施之一，但地下空间应利用有度、科学合理，从雨水渗透及地下水补给、减少径流外排等生态环保要求出发，本次修订明确提出了地下一层建筑面积占总用地面积的比率应控制在 70% 以内的建设要求。

（2）室外环境涉及光污染控制、环境噪声控制、风环境要求、降低热岛强度的措施四个重要的评价条文，满分 18 分；是评价绿色建筑室外环境的关键性内容和指标。

1）光污染控制：条文的评价内容有意引导建设项目慎用玻璃幕墙，建筑物表面应选择可见光反射比较低的材料；同时合理选配照明器具并采取防止溢光等措施，减少光污染的产生、降低建筑能耗。建筑物光污染包括建筑反射光、夜间的室外夜景照明及广告照明等造成的光污染，其产生的眩光会让人感到不舒服，还会使人降低对灯光信号等重要信息的辨识力，甚至带来交通安全隐患。

2）环境噪声控制：条文的评价内容是对绿色建筑设计阶段提出的环境噪声控制要求，包括检测场地周边的噪声现状、预测自身规划实施后的环境噪声、优化方案设计并在必要时采取有效措施改善环境噪声的影响。可以根据噪声来源及其分布提出合理的防噪、降噪方案，如将噪声敏感性高的居住建筑布局在远离交通干道的位置；通过对建筑朝向及开口的设置减弱环境噪声的影响；采取设置道路声屏障、采用低噪声路面、种植绿化、限制重载车通行等隔离、降噪措施；对固定设备噪声源采取隔声和消声措施以降低噪声的影响等。

3）风环境要求：条文的评价内容和指标是以人在室外行走和活动的舒适性、建筑和场地的自然通风及污染物消散、冬季冷风向室内的渗透等进行衡量的，是鼓励规划布局、建筑设计过程利用计算流体动力学手段，对不同季节典型风向、风速对建筑室外风环境进行模拟，从而优化方案创造良好的建筑室外风环境，或采取相应措施有效改善建筑的室外风环境。

4）降低热岛强度的措施：条文的评价内容明确提出了有效降低热岛强度的实施措施，引导绿色建筑建设项目应重视遮阴措施的设置及路面、屋面设计材料的选择，减少项目本身对城市热环境的影响。

（3）交通设施与公共服务

交通设施与公共服务涉及公共交通联系、无障碍设计、停车场所设置、公共服务配置四个重要的评价条文，满分 24 分；是评价绿色建筑使用者生活、工作方便程度的关键性内容和指标；是绿色建筑项目规划布局和建筑设计重要的考评内容。条文对建设项目提供基本公共服务的方便程度及提供公共交通服务的便捷程度进行了评价，旨在推行绿色出行的低碳生活理念，减少机动车出行对资源的消耗及对环境的污染；条文对停车设施进行评价，明确了自行车停车的人性化设计要求，提出了提高机动车停车空间使用效率等措施；条文对公共空间的共享、公用进行了评价，意在鼓励建设项目增加公共活动场所，有利于提供更多的社会活动空间增进社会交往，也可提高各类设施和活动场地等公共产品的使用效率——陶冶情操、增强体质，是绿色建筑倡导和鼓励的建设理念，也是提高土地使用效率及政府投资效能的重要措施。根据我国有关交通调查研究：人的步行速度平均为 3~5 千米 / 时，因此标准提出的 500 米需要步行 5~10 分钟，是居民步行出行的可承受距离：800 米需要 8~16 分钟，是居民到达轨道交通可承受的步行距离。据此条文提出了评价方便程度的指标点，为居民选择步行、自行车等绿色交通出行方式创造了条件，从而减少机动车出行的需求，鼓励优先发展公共交通缓解城市交通拥堵现象。

（4）场地设计与场地生态

场地设计与场地生态涉及场地利用与生态保护、绿色雨水设施设计、雨水径流控制、绿化绿植要求四个重要的评价条文，是遵循低影响开发的原则，评价绿色建筑室外场地保护与利用的关键性内容和指标。建设项目应对场地进行勘查，充分利用可利用的自然资源，包括原有地形地貌、水体、植被等，尽量减少土石方工程量，减少开发建设对原场地及周边环境生态系统的改变，工程结束后应及时采取生态修复措施，减少对原场地环境的破坏。表层土含有丰富的有机质、矿物质和微量元素，适合植物和微生物的生长，场地表层土的保护和回收利用是保护土壤资源、维持生物多样性的重要方法之一。项目施工应合理安排、分类收集、保存并利用原场地的表层土。利用场地空间编制场地雨水综合利用方案或雨水专项规划设计，旨在通过建筑、景观、道路和市政等不同专业的整合与协调设计，合理利用场地中的河流、湖泊、水塘、湿地、低洼地等设置绿色雨水基础设施（如雨水花园、下凹式绿地、屋顶绿化、植被浅沟、雨水截流设施、渗透设施、雨水塘、雨水湿地、景观水体、多功能调蓄设施等），或利用场地的景观设计、采取相应截污措施及硬质铺装等透水设计，以更加接近自然的方式控制城市雨水径流及径流污染，从经济性和维持区域性水环境的良性循环角度出发，控制径流总量，保护水环境，减少城市洪涝灾害，达到有限土地资源多功能开发、利用的目标。合理搭配乔木、灌木和草坪，以乔木为主，能够提高绿地的空间利用率、增加绿量，使有限的绿地发挥更大的生态效益和景观效益。种植区域的覆土深度应满足乔、灌木自然生长的需要，满足申报项目所在地有关覆土深度的控制要求。植物配置应充分体现本地区植物资源的特点，突出地方特色，选择适应当地气候和土壤条件的植物，耐候性强、病虫害少，可有效降低后期的维护费用。鼓励各类公共建筑采用屋顶绿化和墙面垂直绿化等多元的绿化方式，既能增加绿化面积，有效截留雨水；又可以改善屋顶和墙壁的保温隔热效果，改善小气候，美化环境。总之，节地与室外环境所涉及的评价内容，旨在推行尊重自然、保护历史文化遗产、保障人民财产和人身安全与健康、保护环境等发展理念；坚持以人为本，倡导低碳生活，鼓励建设项目更多地关注规划布局、建筑设计、场地利用、交通组织、公共服务配置、景观绿地设计与生态修复等先期设计工作，力争通过整合综合、高效利用土地资源、优化设计，为建筑的节能、节水、节材、环保创造更好的“先天条件”，促进建筑运行达到低碳、环保的目标。

第三节　运营管理

运营管理指对运营过程中的计划、组织、实施和控制，是与产品生产和服务创造密切相关的各项管理工作的总称。运营管理是现代企业管理科学中最活跃的一个分支，也是新思想、新理论大量涌现的一个分支。

1. 历史起源

在当今社会，不断发展的生产力使大量生产要素转移到商业、交通运输、房地产、通信、公共事业、保险、金融和其他服务性行业和领域，传统的有形产品生产的概念已经不能反映和概括服务业所表现出来的生产形式。因此，随着服务业的兴起，生产的概念进一步扩展，逐步容纳了非制造的服务业领域，不仅包括有形产品的制造，而且包括无形服务的提供。

西方学者把与工厂联系在一起的有形产品的生产称为“production”或“manufacturing”，将提供服务的活动称为“operations”。趋势是将两者均称为运营。生产管理也就演化为运营管理（operations 米 anagement）。

2. 发展

现代运营管理涵盖的范围越来越大。现代运营的范围已从传统的制造业企业扩大到非制造业。其研究内容也已不局限于生产过程中的计划、组织与控制，而是扩大到包括运营战略的制定、运营系统设计及运营系统运行等多个层次的内容。把运营战略、新产品开发、产品设计、采购供应、生产制造、产品配送直至售后服务看作一个完整的“价值链”，对其进行集成管理。

（1）提高竞争力

随着市场竞争日趋激烈和全球经济的发展，运营管理如何更好地适应市场竞争的需要，成为企业生存发展的突出问题。由于运营管理对企业竞争实力的作用和对运营系统的战略指导意义，它日益受到各国学者和企业界的关注。随着人们对企业战略的研究与实践，也开始了对运营战略的研究。

由哈佛商学院的埃伯尼斯（Abernathy）、克拉克（Clark）、海斯（Hayes）和惠尔莱特（Wheelwright）进行的后续研究，继续强调了将运营战略作为企业竞争力手段的重要性，他们认为如果不重视运营战略，企业将会失去长期的竞争力。例如，他们强调利用企业生产管理设施和劳动力的优势作为市场竞争武器的重要性，并强调了如何用一种长期的战略眼光去开发运营战略的重要性。

（2）运营战略

运营战略是运营管理中最重要的一部分，传统企业的运营管理并未从战略的高度考虑运营管理问题，但是在今天，企业的运营战略具有越来越重要的作用和意义。运营战略是指在企业经营战略的总体框架下，如何通过运营管理活动来支持和完成企业的总体战略目标。运营战略可以视为使运营管理目标和更大的组织目标协调一致的规划过程的一部分。运营战略涉及对运营管理过程和运营生产管理的基本问题所做出的根本性谋划。

由此可以看出，运营战略的目的是支持和完成企业的总体战略目标。运营战略的研究对象是生产管理运营过程和生产管理运营系统的基本问题，所谓基本问题是指包括产品选择、工厂、选址、设施布置、生产管理运营的组织形式、竞争优势要素等。运营战略的性质是对上述基本问题进行根本性谋划，包括生产管理运营过程和生产管理运营系统的长远目标、发展方向和重点、基本行动方针、基本步骤等一系列指导思想和决策原则。

运营战略作为企业整体战略体系中的一项职能战略，它主要解决在运营管理职能领域内如何支持和配合企业在市场中获得竞争优势。运营战略一般分为两大类：一类是结构性战略，包括设施选址、运营能力、纵向集成和流程选择等长期的战略决策问题；另一类是基础性战略，包括劳动力的数量和技能水平、产品的质量问题、生产管理计划和控制以及企业的组织结构等时间跨度相对较短的决策问题。

企业的运营战略是由企业的竞争优势要素构建的。竞争优势要素包括低成本、高质量、快速交货、柔性和服务。企业的核心能力就是企业独有的、对竞争优势要素的获取能力，因此，企业的核心能力必须与竞争优势要素协调一致。

运营战略是以最有效地利用企业的关键资源，以支持企业的长期竞争战略及企业的总体战略的一项长期的战略规划，因此，运营战略涉及面通常非常广泛，主要的一些长期结构性战略问题包括：

1）需要建造多大生产管理能力的设施；

2）建在何处；

3）何时建造；

4）需要何种类型的工艺流程来生产管理产品；

5）需要何种类型的服务流程来提供服务。

3. 定义

运营管理是对组织中负责制造产品或提供服务的职能部门的管理。

4. 对象

运营管理的对象是运营过程和运营系统。运营过程是一个投入、转换、产出的过程，是一个劳动过程或价值增值的过程，它是运营的第一大对象，运营必须考虑如何对这样的生产运营活动进行计划、组织和控制。运营系统是指上述变换过程得以实现的手段。它的构成与变换过程中的物质转换过程和管理过程相对应，包括一个物质系统和一个管理系统。

5. 职能

现代管理理论认为，企业管理按职能分工，其中最基本的也是最主要的职能是财务会计、技术、生产运营、市场营销和人力资源管理。这五项职能既是独立的又是相互依赖的，正是这种相互依赖和配合才能实现企业的经营目标。企业的经营活动是这五大职能有机联系的一个循环往复的过程，企业为了达到自身的经营目的，上述五大职能缺一不可。

运营职能包括密切相关的一些活动，诸如预测、能力计划、进度安排、库存管理、质量管理、员工激励、设施选址等。

6. 目标

企业运营管理要控制的主要目标是质量、成本、时间和柔性。它们是企业竞争力的根本源泉。因此，运营管理在企业经营中具有重要的作用。现代企业的生产经营规模不断扩大，产品本身的技术和知识密集程度不断提高，产品的生产和服务过程日趋复杂，市场需求日益多样化、多变化，世界范围内的竞争日益激烈，这些因素使运营管理本身也在不断发生变化。随着信息技术突飞猛进的发展，为运营增添了新的有力手段，也使运营学的研究进入了一个新阶段，使其内容更加丰富，范围更加扩大，体系更加完整。

7. 特点

（1）信息技术已成为运营管理的重要手段。由信息技术引起的一系列管理模式和管理方法上的变革，成为运营的重要研究内容。

（2）运营管理全球化。随着全球经济一体化趋势的加剧，“全球化运营”成为现代企业运营的一个重要课题，因此，全球化运营也越来越成为运营学的一个新热点。

（3）运营系统的柔性化。生产管理运营的多样化和高效率是相矛盾的，因此，在生产管理运营多样化的前提下，努力搞好专业化生产管理运营，实现多样化和专业化的有机统一，也是现代运营追求的方向。供应链管理成为运营管理的重要内容。

8. 范围

运营管理的范围因组织而异。运营管理人员要进行的工作包括产品和服务设计、工艺选择、技术的选择和管理、工作系统设计、选址规划、设施规划及该组织产品和服务质量的改进。

按绿色建筑的标准建设，取得绿色建筑的标识认证，已成为中国建设业的主流。然而，有不少项目在设计阶段获得了高星级标识，到运营阶段由于缺乏有效的运营能力和真实的运行数据，往往达不到预期的绿色目标。为什么投入大量的精力和资金建造的绿色建筑，却达不到预期的目标？

运营管理的价值。世界上的人工设施都需要通过精心的规划与执行，谋求实现当初立意的目标——功能、经济收益、非经济的效果和收益，这就是“运营管理”。大到一座城市小到一幢建筑，运营管理都是不可缺失的。人工设施是长期存在的，因此运营管理必然在其生命期相伴而行。遗憾的是，人们热心于构建宏伟的项目，但往往不关注运营管理。中国大地上耸立众多的政绩工程，有相当数量处于“烂尾”状态，细细分讲，其中不乏立意为民、设置科学的项目，但是建成后缺乏有效的运营管理机制，不仅未能取得预期的效益，甚至因无法延续使用而被废弃，导致大量的财力和人力付之东流。运营管理（Operations 米 anagement）是一门科学，有效的运营管理必须将人、流程、技术和资金等要素整合在运营系统中创造价值。绿色建筑也有一个投入、转换、产出的过程，需要通过运营管理来控制建筑物的服务质量、运行成本和生态目标。

第四节　提高与创新

由标准“加分项”下设的以罗马数字编号的次分组单元可见，有 7 条加分项条文属于性能提高，包括更高的围护结构热工性能、更高的冷热源机组能效、分布式三联供技术、更高的卫生器具用水效率、建筑结构、更有效的空气处理措施、更低的室内空气污染物浓度等，其特点是均可找到对应的指标大类（甚至指标小类）。另有 5 条加分项条文属于创新，其特点为综合性强，分别简介如下：强调建筑方案的重要性，鼓励建筑师和业主从源头多考虑“资源节约”和“保护环境”。该条评价有一定难度，需分析论证建筑方案所运用的创新性理念和措施，以及其对场地微环境微气候、建筑物造型、天然采光、自然通风、保温隔热、材料选用、人性化设计等方面效果的显著改善或提升。

发展绿色建筑是实现城乡发展方式，特别是实现建设方式转变的一个重要途径。加快推动绿色建筑市场化进程，确立以市场为主体的地位，逐渐取代过去政府强制推广的方式，这是对传统建设模式的一场“革命”。面对绿色建筑发展的“新常态”，必须着力“四个创新”，促进绿色建筑健康发展。

一、着力绿色建筑发展模式的创新

我国绿色建筑发展之初，主要是通过政府部门引导，由建筑工程项目的建设单位或开发商自愿开发设计绿色建筑，这种模式既没有发展计划，也没有明确目标，也就很难形成绿色建筑规模化、系统化的发展。

国家有关部门已经推出了一系列措施，为调整并升级建筑市场结构及绿色建筑今后的市场化发展指明了方向。这些标准对可再生能源替代率提出了明确要求，并明确政策指导和对企业的激励、补贴机制，使评价对象范围得到扩展、评价阶段更加明确、评价方法更加科学合理、评价指标体系更加完善，整体具有创新性，这必将推动我国绿色建筑大规模发展，加快绿色建筑市场化进程。因此，绿色建筑上升到国家战略高度是大势所趋，要实现绿色建筑发展模式的创新，必须结合国家示范工程项目发展绿色建设；结合各类政府投资工程项目建设发展绿色建筑；结合绿色生态城区建设发展绿色建筑；结合技术创新发展绿色建筑；结合城乡绿色生态规划发展绿色建筑；使绿色建筑发展模式得到创新，呈现快速发展的态势。

二、着力绿色建设设计理念的创新

由于我国绿色建筑发展时间短、实践积累少、经验缺乏，以致于目前一些工程建设项目在进行绿色建筑设计时，未能从绿色建筑的整体考虑，不能系统地开展绿色建筑的规划和设计，常常是在传统设计思路和框架下，叠加一些“绿色技术”设备或产品，有的没有考虑因地制宜，也不太注重实际效果，未能辩证地处理被动技术和主动技术措施之间的协调，只热衷于一些所谓高新技术和产品的使用，导致建筑本体能耗高，造成墙体材料效能的浪费，有的工程即使采用最节能的供能系统，但整体仍然不是真正的节能建筑，有的项目由于没有考虑集成化设计的原则，也导致对多项技术集成应用效果无法进行控制。

着力绿色建筑设计理念的创新，就必须坚持系统性、整体性的原则，认真做好绿色建筑方案的策划，并在此基础上制订绿色建筑的规划和设计方案。要从绿色建筑的整体考虑，结合建筑工程项目当地的地理气候特点，在满足建筑使用功能的基础上，选用合理、适用的绿色建筑技术。要按照绿色建筑设计协调原则，注重设计团队、策划团队及执行团队之间的密切配合，注重建筑设计过程中各个专业的协调配合，及时解决设计过程中出现的各类矛盾和突出问题，使建筑产品成为既能满足建筑使用功能又能充分体现绿色发展理念的统一整体。

三、着力绿色建筑管理制度的创新

我国绿色建筑发展可以说是刚刚起步，也主要是通过绿色建筑标识制度开始实施。随着绿色建筑市场化进程的加快推进，过去仅有的标识制度显然已不能满足全面发展的需求，更不能实现建筑领域进一步节能减排的目标任务。因此，应通过创新绿色建筑的标识制度、强制与激励制度、监管制度和质量保障制度，来确保绿色建筑市场化进程的强力实施。

我国绿色建筑标识的评审制度主要是以专家为主的会议评审，今后进入绿色建筑大规模发展阶段，专家需求量会急剧上升，必须研究建立第三方评审或认证评审人员资质的方式，使绿色建筑标识制度得到创新发展。另外，我国绿色建筑监管体系至今还没有真正建立，主要采取的是针对绿色建筑标识项目的备案管理制度，而这种备案制度很难从工程建设项目的全过程来保证绿色建筑的质量，因此，必须进行监管制度的创新，以延伸现有监管制度的方式来确保绿色建筑的质量。有关部门可前移新建建筑监管关口，在城市规划审查中增加对建筑节能和绿色建筑指标的审查内容，在城市的控制性详规中落实相关指标体系，或将涉及建筑节能和绿色建筑发展指标列为土地出让的重要条件。也可以推行绿色建筑的项目要求全装修，增加绿色建筑设计专项审查内容，建立绿色施工许可制度，实行民用建筑绿色信息公示告知，等等。要创新强制实施与激励引导相结合的制度，对政府投资的保障房、大型公共建筑强制执行绿色建筑标准，通过激励政策引导房地产开发类项目切实执行绿色建筑标准，建设绿色居住小区。总之，要以创新的思维和政策激励的方法，充分调动各方加快绿色建筑发展的积极性，健全完善绿色建筑标准标识和约束机制等制度建设，努力提升绿色建筑标准的执行力。

四、着力绿色建筑应用技术的创新

近年来，随着我国节能减排实施战略的不断深入，节能、节水、节地、节材和保护环境的技术得到广泛应用。但由于一些绿色建筑技术和产品应用时间短、工程实践应用少，有的与建筑的结合度差，有的适用性不好，甚至有的与建筑的设计使用寿命还有相当差距，这在一定程度上阻碍了绿色技术产品的广泛应用。

绿色建筑的技术创新，是促进建筑业发展模式转变的主要动力。推动绿色建筑应用技术的创新，就必须以应用促研发，在应用技术的过程中发现问题、解决问题，并完善和改进技术，使研发更有针对性；就必须以使用促提高，在使用过程中不断总结技术的适用性，促进产品技术水平的不断提升，使绿色建筑技术既能满足提升建筑功能建筑品质的需要，又能实现绿色技术在建筑节能、节水、节地、节材上的作用，实现绿色建筑技术的广泛应用，带动绿色产业的纵深发展。

第三章　绿色施工概述

随着我国建筑业产业规模的不断扩大，产业结构不断升级，为社会发展做出了有目共睹的贡献。但是不可否认，我国建筑业现阶段还是一个劳动密集、资本密集的粗放型的行业，建筑活动中高投入、高消耗、高污染、低效率的现象还是比较普遍。因此，在建筑业里推行绿色施工理念至关重要。

第一节　绿色施工基本知识

绿色施工的内涵包含以下几个方面：

1. 清洁施工过程，控制环境污染，保护环境。

2. 节约资源，降低消耗。

3. 以人为本，改善作业条件，降低劳动强度。

4. 基于绿色理念，通过科学的方法，对设计确定的做法、设备和用材等，提出优化和完善建议，促使施工过程安全文明，实现建筑产品的安全性、可靠性、适用性和经济性。

绿色施工总体框架由施工管理、环境保护、节材与材料资源利用、节水与水资源利用、节能与能源利用、节地与施工用地保护六个方面组成。这六个方面涵盖了绿色施工的基本指标。

实施绿色施工，应依据以人为本、环保优先、资源高效利用、精细施工、因地制宜等原则，符合国家的法律、法规及相关的标准规范，实现经济效益、社会效益和环境效益的统一。

1. 以人为本的原则

人类生产活动的最终目标是创造更加美好的生存条件和发展环境。所以，这些生产活动必须以顺应自然、保护自然为目标，以物质财富的增长为动力，实现人类的可持续发展。绿色施工把关注资源节约和保护人类的生存环境作为基本要求，把人的因素摆在核心位置，关注施工活动对生产生活的负面影响（既包括对施工现场内的相关人员，也包括对周边人群和全社会的负面影响），以尊重人、保护人为主旨，充分体现以人为本的根本原则，实现施工活动与人和自然和谐发展。

2. 环保优先的原则

自然生态环境质量直接关乎人类的健康，影响着人类的生存与发展，保护生态环境就是保护人类的生存和发展。工程施工活动对环境有较大的负面影响，因此，绿色施工应秉承“环保优先”的原则，强调现场内建筑垃圾的再生利用和现场外的综合利用，把施工过程中产生的烟尘、粉尘、固体废弃物等污染物，振动、噪声和强光直接刺激感官的污染物控制在允许范围内。这也是绿色施工中“绿色”内涵的直接体现。

3. 资源高效利用的原则

资源的可持续性是人类发展可持续性的主要保障。建筑施工行业是典型的资源消耗型产业。我国作为一个发展中的人口大国，在未来相当长的时期内建筑业还将保持较大规模的需求，必将消耗数量巨大的资源。绿色施工要把改变传统粗放的生产方式作为基本目标，把高效利用资源作为重点，坚持在施工活动中节约资源、高效利用资源、开发利用可再生资源，推动我国工程建设水平持续提高。

4. 精细施工的原则

精细施工可以有效减少施工过程中的失误，减少返工，从而也可以减少资源浪费。因此绿色施工还应坚持精细施工的原则，将精细化理念融入施工过程中；通过精细策划、精细管理、严格规范标准、优化施工流程、提升施工技术水平、强化施工动态监控等方式方法促使施工方式由传统高消耗的粗放型、劳动密集型向资源集约型和智力、管理、技术密集型的方向转变，逐步践行精细施工。

5. 因地制宜的原则

绿色施工必须实事求是，从实际出发，不做表面文章，讲求实效，不追求复杂技术的简单堆积，应该针对当时工程所在地的实际情况认真地做好绿色施工影响因素分析，依据影响因素“因地制宜”地搞好策划，并扎扎实实做好、切实实现节约资源、保护环境的预期目标。切忌不顾环境实际，简单照搬照抄外地做法，不求实效的情况发生。因此，绿色施工必须坚持“因地制宜”的原则。因地制宜的原则主要体现在以下两个方面：

一是在绿色施工策划时，应针对当时工程所在地的实际情况认真地做好绿色施工影响因素分析，依据影响因素“因地制宜”地搞好策划。

二是在绿色施工评价时，应从工程实际情况出发，适当调整评价指标，从而使评价结果更符合工程实际，更能起到促使工程绿色施工持续改进的作用。

施工是指具备相应资质的工程承包企业，通过管理和技术手段，配置一定资源，按照设计文件（施工图），为实现合同目标在工程现场所进行的各种生产活动。

传统施工具有五个要素。绿色施工活动与传统施工一样，也具备相同的五个要素。但在我国不同时期和背景下，其工程施工的目标值设定是不尽相同的。

绿色施工与传统施工的主要区别如下：

1. 施工目标管理数量的增加。绿色施工除质量、工期、安全和成本控制之外，还把“环境和资源保护”作为主控目标之一。

2.“四节”与“节约”的内涵不同。绿色施工的“四节”并非以项目部“经济效益最大化”为基础，而是在环境和资源保护前提下的“四节”；这对于项目成本控制而言，往往是施工成本的增加。但是，这种企业效益的“小损失”换来的却是国家环境治理的“大收益”。

因此，绿色施工对于施工企业实质上是增加社会责任和成本支出，这也正是绿色施工推进困难的内在原因。

绿色建造是在工程建造过程中体现可持续发展的理念，通过科学管理和技术进步，最大限度地节约资源和保护环境，实现绿色施工要求，生产绿色建筑产品的工程活动。绿色施工仅是绿色建造的一个阶段。绿色建造包括绿色策划、绿色设计和绿色施工三个阶段，但倡导绿色建造绝不是策划、设计和施工三个阶段的简单叠加，而是在以人为本、环保优先、资源高效利用等原则的指导下，使施工图设计与施工过程实现良好衔接，同时承包商基于工程项目的角度进行系统策划，实现真正意义上的工程总承包，提高工程项目的绿色实施水平。

建筑行业是我国的支柱产业，对我国社会经济的发展有着举足轻重的作用。

工程施工对场地环境影响较大，尤其是对未开发的原生态区域。场地平整、土方开挖、永久及临时设施建造、场地废物处理等均会对场地上现存的动植物资源、地形地貌等造成影响；还会对场地内现存的文物、地方特色资源等带来破坏，影响当地文脉的继承和发扬。因此，施工中实行绿色施工对于保护生态环境，维护地方文脉具有重要的意义。

施工过程中，承包商应结合施工现场环境选择施工方法、施工机械，安排施工顺序，布置施工场地。这样可以减少环境原因而带来施工措施的增加，资源和能源用量的增加，有效地降低施工成本；可以减少因为额外措施对施工现场及环境的干扰；可以有利于施工现场环境质量与品质的改善。

建设项目通常要使用大量的材料、能源、水资源和大片施工用地。实施绿色施工有助于减少资源和能源的消耗，有利于提高经济效益，有利于促进企业的成长发展。

绿色施工策划主要是在明确绿色施工目标和任务的基础上，进行绿色施工组织管理和绿色施工实施的策划，必须明确其所对应的指导思想、绿色施工的影响因素、组织管理策划和所对应的策划文件等内容。

1. 指导原则

绿色施工应按照计划工作体现“5W2H”的指导原则，其策划是对绿色施工的目的、内容、实施方式、组织安排等在空间和时间上的配置的确定，以保证项目施工实现“四节环保”的管理活动，因此绿色施工的指导思想是以实现“四节一环保”为目标，紧密结合工程实际，确定工程项目绿色施工各阶段的方案与要求，组织管理保障措施和绿色施工保证措施等内容，以实现有效指导绿色施工实施的目的。

绿色施工策划的基本思路和方法可以参考计划制订法，即“5W2H”分析法，该方法简单、方便，易于理解和使用，富有启发意义，有助于理解和使用，也有利于考虑问题的疏漏。“5W2H”即：What、Who、Why、When、Where 和 How、How 米 uch。应用“5W2H”

的方法开展绿色施工策划，可有效保证策划方案能够从多个维度保证绿色施工的全面落实。

其所对应的策划流程可以分解为。

第一步：影响因素调查和分析；

第二步：归纳和系统化研究；

第三步：绿色施工对策的制定；

第四步：绿色施工组织设计和绿色专项施工方案的制定；

第五步：绿色施工评价方案的制定；

第六步：结合分步分项工程进行绿色施工技术交底。

2. 绿色施工影响因素

绿色施工影响因素可以参考影响因素识别、影响因素分析和评价、对策的制定等步骤进行，具体展开为下列三个方面：

（1）绿色施工影响因素识别

参考风险管理理论方法，可采取模拟分析法、统计数据法和专家经验法等来识别绿色施工影响因素。模拟分析法主要针对庞大复杂、涉及因素多、因素之间的关联性复杂的大型工程项目，可以借助系统分析的方法，构建模拟模型，通过系统模拟识别并评价绿色施工影响因素。统计数据法主要是指企业层面可以按照主要分部分项工程结合项目所在区域、结构形式等因素，对施工各环节的绿色施工影响因素进行识别和归类，通过大量收集、归纳和统计相关数据与信息，能够为后续工程绿色施工因素识别提供信息积累。专家经验法主要是指借助专家的经验知识等分析工程施工各环节的绿色施工影响因素，这在实践中是非常简便有效的方法。因此绿色施工影响因素识别是制定绿色施工策划文件的前提，更是极其重要的方面。

（2）绿色施工影响因素分析和评价

在绿色施工影响因素识别完成后，应对绿色施工影响因素进行分析和评价，以确定其影响程度的大小和发生的概率等，在统计数据丰富的条件下，可以利用统计数据进行定量分析和评价，一般情况下可以借助专家经验进行评价。

（3）绿色施工过程制定的对策

根据绿色施工影响因素识别和评价的结果可以制定治理措施，所制定的治理措施要在绿色施工策划文件中体现，并将相应的落实责任、监管责任等依托项目管理体系予以落实。对于那些环境危害小、容易控制的影响因素可采取一般措施，而对于那些环境危害大的影响因素要制定严密的控制措施并强化落实与监管。

3. 绿色施工组织管理策划

（1）以目标管理为指导的组织方式

以推进绿色施工实施为目标，将实现绿色施工的各项目标及责任进行分解，建立“横向到边”和“纵向到底”的岗位责任体系，建立责任落实与实施的考核节点，建立目标实现的激励制度，结合绿色施工评价的要求，通过项目目标管理的若干环节控制，以促使绿色施工落实。该方式任务明确强调自我管理与控制，来形成良好的激励机制，有利于绿色施工齐抓共管和全员参与，但尚需建立完整的考核与沟通机制，以便实现绿色施工本身的要求。

（2）将监督管理责任分配到特定部门的组织方式

绿色施工主要针对资源节约和环境保护等要素进行施工活动，在施工中传统的材料管理、施工组织设计等环节比较重视对资源的节约，但对绿色施工要求的资源高效利用和有效保护的重视是不够的，特别是对绿色施工强调的施工现场及周边环境保护和场内外工作人员安全、健康顾及较少，而将绿色施工监管的责任落实到质量安全管理部门的做法具有一定的借鉴性。因此，将环境管理的职责明确到安全部门的责任分配方式相比成立“绿色施工委员会”的方式，可使得责任更加清晰，相应的管理任务更能得到清晰的贯彻和落实，因此，采用这样的组织责任分配方式更加合理，但该方式存在着横向沟通弱、相关方参与不充分的缺陷。

（3）绿色施工委员会的组织方式

项目中成立“绿色施工委员会”，可以广泛吸纳项目各相关方的参与，在各部门中任命相关绿色施工联系人，负责对本部门绿色施工相关任务的处理在部门内指导具体实施，对外履行和其他相关部门的沟通，将各部门不同层次的人员融入绿色施工管理中。为实现良好沟通，项目部和绿色施工管理委员会应该设置专人负责协调、沟通和监控，可以邀请外部专家作为委员会顾问，促使绿色施工顺利实施。该组织方式有助于发挥部门间的协调功能，有助于民主管理且维护各方利益，有助于更好地集思广益，而存在的不足主要体现在：消耗的时间比较多；成员之间容易妥协和犹豫不决；职责分离易导致责任感下降；个别人的行为可能影响民主管理。同时存在着成本管理过高、职责不够清晰等缺陷，在使用过程中应辨证使用。

在实践中应根据企业和项目的组织体系特点来选择组织方式，可以探索成立“绿色施工管理委员会”，或者采取以目标管理原理为指导的组织方式与设置专职管理部门相结合的方法。

4. 绿色施工策划文件

（1）绿色施工策划文件种类

绿色施工策划融入工程项目施工整体策划体系，既可以保证绿色施工有效实施，也可以很好地保持项目策划体系的统一性。绿色施工策划文件包括两大等效体系：绿色施工专项方案体系，及传统施工组织设计结合施工方案、绿色施工专项方案、绿色施工技术交底等四部分组成；绿色施工组织设计体系，及绿色施工组织设计结合施工方案、技术交底等三部分组成。两类绿色施工策划文件各有特色，对比而言绿色施工组织设计体系有利于文件简化，可使绿色施工策划文件与传统策划文件合二为一，最终有利于绿色施工实施。

（2）绿色施工专项方案策划文件体系

绿色施工专项方案策划文件体系由传统工程项目策划文件与绿色施工专项方案文件简

单叠加而形成，实质是传统意义的施工组织设计和施工方案与绿色施工专项方案的编制分别进行，工程实施中要求项目部相关人员同时对两个文件内容进行认真研究，并形成新的技术交底文件以付诸实施，该文件体系容易造成相互矛盾与重叠的情况，客观上增加了一线施工管理的工作量，因此不利于绿色施工的高效开展。

（3）绿色施工组织设计文件体系

绿色施工组织设计文件体系编制的基本思路是以传统施工组织设计的内容要求和组织结构为基础，将绿色施工的目标、原则、指导思想、内容、要求及治理措施等融入其中，以形成绿色施工的一体化策划文件体系，该策划思路更有利于工程项目绿色施工的推进和实施，但将上述要素真正融入施工部署、平面布置和各个分部分项工程施工的各个环节中，还需要进行各个层面的绿色施工影响因素分析，需要建立完整的管理思路和工艺技术，该绿色施工组织设计文件的编制工作具有一定的难度，但非常实用。

国内外绿色施工管理的研究及实践以传统的施工流程为基础，考虑绿色建筑施工特点将项目管理的全寿命周期与可持续发展的思路运用于绿色工程实践中，传统的建设项目一般可以划分成：决策阶段、初步设计阶段、施工图设计阶段、招投标阶段、施工阶段以及竣工验收阶段。从项目的全寿命周期来看，传统施工的决策阶段为概念阶段，初步设计到招投标为设计阶段，施工及竣工为施工阶段，此后转交业主，退出运营阶段。在这种施工流程下，业主一般以平行承发包的方式招标勘察、设计、施工、监理等单位。然而这些利益相关方多与绿色建筑成本节约目标不一致，这些单位只关心自己负责的工作，缺乏沟通、相互脱节，给一些单位有机可乘，使得前期勘察工作不会做得深入细化，很多勘察阶段的问题会暴露在设计、施工、运营当中，返工及补救措施会增加全寿命周期成本，更有甚者这些遗留问题会对施工及运营造成很大隐患；也会导致设计单位重技术、质量而轻经济，在施工图纸设计中不考虑造价，将技术、安全、质量提很高，对于技术经济的平衡性考虑不够。

该节选取国内外绿色建筑施工案例和文献，包括北京某奥运场馆、广西钦州市公安局指挥中心综合楼工程等案例，对其施工管理的重点工作、建筑功能及成本设计以及所采用的绿色认证标准和施工流程等问题进行了分析和研究，发现当前绿色节能建筑施工中存在重视施工，轻视前期决策、勘察、设计阶段及后期运营维护阶段的工作，全寿命周期的功能设计及降低成本出发点有待改善，现有的施工流程与绿色建筑认证的需求不匹配等问题。具体为：

1. 建筑的全寿命周期的功能设计及降低成本出发点有待改善。以最低的成本达到利益的最大化，重视经济效益，必要时可牺牲环境效益，并且注重设计、施工阶段建筑的基本功能，缺乏可持续发展、全寿命周期内在基本功能基础上考虑节能绿色元素以及全寿命周期成本的权衡。

2. 现有的施工流程与绿色建筑认证的需求不匹配。目前的绿色施工认证中对于建筑全寿命周期、绿色、节能、环保以及以人为本的要求上是不足的，在接到项目工作后，往往是按照甲方提供的施工设计方案进行组织实施。

甲方依据绿色施工及 LEED 等认证标准制定了绿色方案及绿色施工的图纸，这些方案考虑了绿色、节能、人文、全寿命周期等因素，这些因素势必会引起施工成本增加、流程变复杂，施工周期、风险也相应会加大，施工企业接到项目之后势必会在材料、技术、工艺选用上更加谨慎，如何在多重约束下实现绿色目标是需要权衡成本和功能的，并且在方案确定之后由于甲方在建筑性能及结构上的独特需求，往往造成施工难度大，稍有不慎又会引起返工，所以保障施工过程返工少，尽量一次施工到位也是非常重要的。由于当前绿色建筑施工重视施工阶段的工作，对绿色节能建筑全寿命周期的功能性设计和成本方面要求考虑不足，以及现有的施工流程与绿色建筑认证的需求不匹配问题的存在，常常导致在绿色建筑策划、设计、施工方面缺乏绿色环保因素、全寿命周期因素及可持续发展因素的考虑；设计图纸实施，材料、方案的可用性，经济与功能匹配性存在很大风险，最终导致绿色施工难以顺利实施。因此，为了保证项目在造价、进度、质量及绿色认证标准的约束下顺利完成，前期的方案选择和设计深度优化就成为最为关键的问题，然而这在传统的施工流程中比较欠缺，需要考虑绿色施工的特点在传统施工管理流程基础上分别增加方案选择和设计优化环节，对重点问题进行考虑与优化。

绿色建筑施工与传统施工相比，存在相同点，但从功能性方面和全寿命周期成本方面的要求有很大不同。对比传统施工结合国内外文献和绿色施工案例分析其相同点，并从施工目标、成本降低出发点、着眼点、功能设计、效益观以及效果六个方面分析两者的差异，可以看出绿色建筑施工在建筑功能设计以及成本组成上考虑了绿色环保以及全寿命周期及可持续发展的因素，在与传统施工的异同点对比的基础上，结合相关文献以及本人所在工程的实践，总结出绿色施工四个特点：

1. 以客户为中心，在满足传统目标的同时，考虑建筑的环境属性。传统建筑是以进度、质量和成本作为主要控制目标，而绿色建筑的出发点是节约资源、保护环境，满足使用者的要求，以客户的需求为中心，管理人员需要更多地了解客户的需求、偏好、施工过程对客户的影响等，此处的客户不仅仅包括最终的使用者，还包括潜在的使用者、自然等。在传统建筑的建造和使用过程中消耗了过多的不可再生资源，给生态环境带来了严重污染，而绿色建筑正因此在传统建筑施工目标的基础上，优先考虑建筑的环境属性，做到节约资源，保护环境，节省能源，讲究与自然环境和谐相处，采取措施将环境破坏程度降到最低，进行破坏修复，或将不利影响转换为有利影响；同时为客户提供健康舒适的生活空间，以满足客户体验为另一目标。最终的绿色建筑不仅要交付一个舒适、健康的内部空间，也要制造一个温馨、和谐的外部环境，最终追求“天人合一”的最高目标。

2. 全寿命周期内，最大限度利用被动式节能设计与可再生能源。不同于传统的建筑，绿色建筑是针对建筑的全寿命周期范围，从项目的策划、设计、施工、运营直到筑物拆除一直都在保护环境、与自然和谐相处的建筑。在设计时提倡被动式建筑设计，就是通过建筑物本身来收集、储蓄能量使得与周围环境形成自循环的系统。这样能够充分利用自然资源，达到节约能源的目的。设计的方法有建筑朝向、保温、形体、遮阳、自然通风采光等等。现在节能建筑的大力倡导，使得被动式设计不断被提及，而研究最多的就是被动式太阳能建筑。在建筑的运营阶段如何降低能耗、节约资源和能源是最为关键的问题，这就需要尽量使用可再生的能源，做到一次投入，全寿命周期内受益，例如将光能、风能、地热等合理利用。

3. 注重全局优化，以价值工程为优化基础保证施工目标均衡。绿色建筑从项目的策划、设计、施工、运营直到筑物拆除过程追求的是全寿命周期范围内的建筑收益最大化，是一种全局的优化，这种优化不仅仅是追求总成本的最低，还包括社会效益和环境效益，如最小化建筑对自然环境的负面影响或破坏程度，最大化环保效益、社会示范效益。绿色施工虽然可能导致施工成本增大，但从长远来看，将使得国家或相关地区的整体效益增加。绿色施工做法有时会造成施工成本的增加，有时会减少施工成本。总体来说，绿色施工的综合效益一定是增加的，但这种增加也是有条件的，建设过程有各种各样的约束，进度、费用、环保等要求，因此需要以价值工程为优化基础保证施工目标均衡。

4. 重视创新，提倡新技术、新材料、新器械的应用。绿色建筑是一个技术的集成体，在实施过程中会遇到诸如规划选址合理、能源优化、污水处理、可再生能源的利用、管线的优化、采光设计、系统建模与仿真优化等的技术问题。相对于传统建筑，绿色节能建筑在技术难度、施工复杂度，以及风险把控上都存在很大的挑战。这就需要建筑师和各个专业的工程师共同合作，利用多种先进技术、新材料及新器械，以可持续发展为原则，追求高效能、低能耗，将同等单位的资源在同样的客观条件下，发挥出更大的效能。国内外实践中应用较好的技术方法有 BIM、采光技术、水资源回收利用等技术。这些新技术应用可以提高施工效率，解决传统施工无法企及的问题。因此，绿色施工管理需要理念上的转变，还需要施工工艺和新材料、新设施等的支持。施工新技术、材料、机械、工艺等的推广应用不仅能够产生好的经济效益，而且能够降低施工对环境的污染，创造较好的社会效益和环保效益。

从绿色节能建筑的特点可以看出绿色节能建筑施工是在传统建筑施工的基础上加入了绿色施工的约束，可以将绿色施工作为一个建筑施工专项进行策划管理。

1. 概念阶段的绿色管理

项目的概念阶段是定义一个新的项目或者既有项目开展的一个变更的阶段。在绿色施工中，依据“客户第一，全局最优”的理念，可以将绿色施工概念阶段的绿色管理工作分成四部分。首先，需要依据客户的需求制作一份项目规划，将项目的意图、大致的方向确定下来；其次，由业主制定一套项目建议书，其中绿色管理部分应包含建筑环境评价的纲要、制定环境评价的标准、施工方依据标准提供的多套可行性方案；最后，业主组织专家做好可行性方案的评审，对于绿色管理内容，一定要做好项目环境影响评价，并从中选出一套可行方案；最后，业主需要确定项目范围，依据项目范围做好项目各项计划，包括绿色管理安排，另外设定目标，建立目标的审核与评价标准。该阶段以工程方案的验收为关键决策点，交付物为功能性大纲、工程方案及技术合同、项目可行性建议书、评估报告及贷款合同等。

2. 计划阶段的绿色管理

当项目论证评估结束，并确定项目符合各项规定后，开始进入计划阶段，需要将工程细化落实，但它不仅仅是概念阶段的细化，更是施工阶段的基础。此阶段需要做好三方面工作：

（1）征地、拆迁以及招标；

（2）选择好施工、设计、监理单位，并邀请业主、施工单位、监理单位、有经验的专家参与到设计工作中，组织设计院对项目各项指标参数进行图纸及模型化，并作好相应管理计划，包括资源、资金、质量、进度、风险、环保等计划，此过程会发生变更，各方须做好配合和支持工作，组织专家对设计院提交的设计草图和施工图进行审核；

（3）做好项目团队的组建，开始施工准备，做好“七通一平”（通电、通水、通路、通邮、通暖气、通信、通天然气以及场地平整）。此阶段以施工图及设计说明书的批准为关键决策点，交付物为项目的设计草图、施工图、设计说明书以及项目人员聘用合同。

3. 施工阶段的绿色管理

在设计阶段评审合格后，需要将图纸和模型具体化，进行建造施工以及设备安装。施工方应组织工程主体施工并与供应商进行设备安装。此时，主要责任部门为施工方，设计部门做好配合和支持工作，业主与监理部门做好工程建设过程的监督审核，并做好变更管理和过程控制。此阶段是资源消耗与污染产生最多的阶段，因此在此阶段施工单位需采取四项重要措施：

（1）建立绿色管理机制；

（2）做好建筑垃圾和污染物的防治和保护措施；

（3）使用科学有效的方法尽可能高地利用能源；

（4）业主与监理部门做好工程建设过程的跟踪、审核、监督与反馈，特别是对绿色材料的应用以及污染物的处理。此阶段以建安项目完工验收为关键决策点，交付物为建安工程主要节点的验收报告以及符合标准的建筑物、构筑物及相应设备。

4. 运营阶段的绿色管理

运营维护阶段是绿色节能建筑经历最长的阶段。建安项目结束后，需要对仪器进行调试，培训操作人员，业主应组织原材料，与工程咨询机构配合，做好运营工作；当建筑到达设计寿命期限时，需要做好拆除以及资源回收的工作；在工程运行数年之后按照要求进行后评价，具体是三级评价即自评、同行评议以及后评价，目的是提炼绿色节能建筑施工运营工作中的最佳实践，进一步提升管理能力，为以后的绿色建筑建设运营做先导示范作用。此阶段交付物为工程中试的技术、系统成熟度检验报告，三级后评价报告，维管合同、拆除回收计划，符合标准要求的建筑物、构筑物、设备、生产流程，以及懂技术、会操作的工作人员。

从目前绿色施工企业面临的现状及问题可以看出，当前绿色建筑施工对绿色节能建筑全寿命周期功能性设计和成本方面要求考虑不足，在绿色环保以及全寿命周期及可持续发展因素上有待加强，接到的甲方提供的建筑需求图纸和绿色功能要求能否实施，材料、方案能否应用，经济功能能否满足需求这些都是有待考证的。引入这些施工要素势必引起施工成本增加、流程变复杂，施工周期、风险也相应会加大，如何在多重约束下实现绿色目标是需要权衡成本和功能的，并且在方案确定之后由于甲方在建筑性能及结构上的独特需求，往往造成方案施工难度大，稍有不慎又会引起返工。因此，在前期初步设计接到概念性的设计图纸之后就对拟选用的方案做好全寿命周期功能及成本平衡分析，从设计源头就选择与功能成本相匹配的方案，基于此，在以后的设计阶段不断增加设计深度，在施工图纸出具之后，施工前，对设计进行深化，提高专业的协同、模拟施工组织安排，合理处置施工的风险，减少施工返工、保障施工一步到位，可以对绿色施工目前面临的重视施工阶段、缺乏合理的功能成本分析以及施工流程与绿色认证要求不匹配问题进行应对。

尽管通过方案优化选择确定施工方案后由于建筑结构复杂性、施工难度等问题使得传统施工不能发挥很好的作用，可以在施工前加入方案的深度优化，利用 BIM 强大的建模、数字智能和专业协同性能，进行专业协同、用能模拟，施工进度模拟等对施工方案进行深化，合理安排施工。最后将管理向运营维护阶段延伸，最终移交的不单单是建筑本身，相应的服务、培训、维修等工作也要跟上。需要说明的是，价值工程及 BIM 的应用可以贯穿全寿命周期，只是初步设计阶段之后和施工前是价值工程和 BIM 最重要的应用环节，因此将这两个环节加入原有的施工流程。以下对添加的方案优化与选择环节和 BIM 对设计的深度优化环节做重点介绍。

在初步设计施工企业接到概念性的设计图纸之后就需要对拟选用的方案做好全寿命周期功能及成本平衡分析，从设计源头就选择与功能成本相匹配的方案，基于此在以后的设计阶段不断增加设计深度。价值工程的主要思想是整合现有资源，优化安排以获得最大价值，追求全寿命周期内低成本高效率，专注于功能提升和成本控制，利用量化思维，将无法度量的功能量化，抓住和利用关键问题和主要矛盾，整合技术与经济手段，系统地解决问题和矛盾，在解决绿色建筑施工多目标均衡、提高全寿命周期内建筑的功能和成本效率以及选择新材料新技术上有很好的实践指导作用。因此可以在绿色施工的概念设计出具之后增加新的环节，组织技术经济分析小组对重要的方案进行价值分析，寻求方案的功能与成本均衡。价值工程在方案优化与选择环节中主要用途为：挑选出价值高、意义重大的问题，予以改进提升和方案比较、优选。其流程为：确定研究对象；全寿命周期功能指标及成本指标定义；恶劣环境下样品试验；价值分析；方案评价及选择。

1. 全寿命周期功能指标及成本指标定义

在确定研究对象之后，进行功能定义和成本分析。参照 LEED 标准、绿色建筑评价标准以及实践经验总结绿色建筑研究对象的功能的主要内容，价值工程理论一般将功能分为：基本功能、附属功能、上位功能以及假设功能。基本功能关注的是使用价值和功能价值，即该产品能做什么；附属功能一般是辅助作用，是外观设计，关注的是产品还有其他什么功能；后两种功能超出产品本身，一般不在功能分析里讨论。

全寿命周期成本一般包括：初期投入成本和后期的维护运营成本。细化来看初期成本包括：直接费（原材料费用、人工费、设备费用）、间接费、税金等；后期的运营费包括：管理费、燃料动力费、大修费、定期维护保养费、拆除回收费等。

2. 恶劣环境下样品试验

由于建筑物的绿色特性，在设计施工中常常会用到一些新材料、构件，此时需进行样品加工、交检，经检验员对样品在恶劣环境下如高温暴晒、干燥、潮湿、酸碱等环境下试验，由质检员根据样品的性能指标做最终评审，并记录各项试验指标。

3. 方案评价及选择

依据样品试验以及所求的价值系数，利用价值工程原理对已有方案进行价值提升或者对新方案进行优选。一般存在 5 条提高价值的途径，可根据项目掌握的信息、市场预测情况、存在的问题以及提高劳动生产率、提高质量、控制进度、降低成本等目标来选择对象合适的方案。

鉴于 BIM 技术强大的建模、数字智能和专业协同性能，BIM 在追求全寿命周期内低成本高效率，专注于功能提升和成本控制，利用量化思维，将细节数据全部展现出来，其目标为最小投入获得最大功能，这与绿色建筑施工的追求寿命期内建筑功能和成本均衡、引用新技术特点是相一致的，因此可以将 BIM 技术作为绿色施工中的一项新技术在施工图纸出具之后施工开始之前引入施工中，在施工流程中增加一个设计深化的流程环节，组织 BIM 工作小组，将施工设计进行深度优化，保障施工顺利进行。

1.BIM 技术在方案深化阶段的应用

考虑到在方案优化后各项构件的昂贵价值以及工程独特复杂性，需要尽量降低返工、误工的损失，保证施工顺利进行，成立项目部成立 BIM 技术小组，将方案深度优化作为新环节加入原来施工流程。利用 BIM 技术进行了 3D 建模，能量模拟、漫游，及管线碰撞等试验，其中：在建模中充分考虑了被动节能设计，预留了采光通风通道，也通过漫游的应用分析对比并不断优化设计方案，为深度优化设计方案进行了能量模拟，对建筑的节能情况进行了分析，对不合理之处进行改进，碰撞试验解决主体、结构、水电、暖通等不同专业设计图纸的融合，通过优化方案和设计，为工程算量、管道综合布置提供了可靠的保障。BIM 技术作为新技术体现了绿色建筑注重全局优化、全寿命周期，最大限度利用被动式节能设计与可再生能源的特性。

2.BIM 技术在绿色建筑其他阶段的应用

在其他阶段也可以利用 BIM 的 3D 展现能力、精确计算能力以及协同沟通能力，将其应用到绿色建筑中可以很好地体现出绿色建筑的特点。借鉴国内外 BIM 技术在绿色建筑施工管理中取得的好的实践，将 BIM 技术应用于绿色建筑的全寿命周期中。

（1）BIM 技术在决策阶段的应用

在决策阶段，在技术方案中，按照客户对绿色建筑的需求，建立建筑的 3D 模型，使得各参与方从一开始就对绿色建筑内外环境有直观便捷的认识，在对后期建筑设计、施工、运维等方案的认识上更容易达成一致，同时也便于对外展示，起到很好的示范宣传作用。此阶段 BIM 技术应用充分体现了绿色施工以客户为中心，考虑建筑的环境属性的特点。

（2）BIM 技术在施工阶段的应用

在施工阶段，进行了 3D 建模指导模板支护，为结构复杂的构建施工提供了指导，以旋转楼梯为例，旋转楼梯：是由同一圆心的两条不同半径的内外侧螺旋线组成的螺旋面分级而成，每一踏步都从圆心向外放射，虽然内外侧踏步宽度不同，但在每一放射面上的内外侧的标高是相同的。螺旋楼梯施工放线较为复杂，必须先做好业内工作，本工程利用 BIM 技术，导出该梯梁控制点的 3D 坐标，实现了无梁敞开式折板清水混凝土旋转楼梯的施工操作，保证施工顺利进行，实施过程无返工，节约了时间，减少了材料的浪费。

另外，进度可视化模拟节约了人工成本，能帮助没有经验及刚参加工作的管理人员更直观地认识工程实体，了解工程进度，提高施工效率；在施工阶段实施了工程算量，实现精细化生产，实际施工中，通过 BIM 算量指导钢筋、混凝土等的用量，偏差可控制在 5% 左右，符合低消耗的绿色施工理念，此阶段 BIM 技术作为新技术体现了绿色建筑节能优化、追求目标均衡的特性。

施工活动，是建筑产品生产过程中的重要环节。传统的施工，以追求工期为主要目标，把节约资源和保护环境放在次要位置。为了适应当代建筑的持续发展，以资源高效利用和环境保护优先，一定会成为施工技术发展的必然趋势。

绿色施工不等同于绿色建筑，绿色建筑包含绿色施工。

绿色施工与文明施工的关系是：绿色施工是在新时期建筑可持续发展的新理念，其核心是“四节一环保”。绿色施工高于文明施工，严于文明施工。

文明施工在我国施工企业的实施，有很长的历史，其中心是“文明”，也含有环境保护的理念。文明施工是指保持施工场地整洁、卫生，施工程序合理的一种施工活动。文明施工的基本要素是：有整套的施工组织设计（或施工方案），有严格的成品保护措施，临时设施布置合理，各种材料、构件、半成品堆放整齐有序，施工场地平整，道路畅通，排水设施得当，机具设备状况良好等。施工作业符合消防和安全要求。

第二节　四节一环保

所谓“四节一环保”是指“节能、节地、节水、节材和环境保护”，是目前住宅小区建设中的最高标准之一。具体说来就是以“建筑节能、建筑节地、建筑节水、建筑节材”和“保护环境”等标准作为合理安排城市各项功能，促进城市居住、就业等合理布局，减少交通负荷，降低城市交通的能源消耗的参照依据。

通过城镇供热体制改革与供热制冷方式改革，以公共建筑的节能降耗为重点，总体推进建筑节能。所有新建建筑必须严格执行建筑节能标准，加强实施监管。要着力推进既有建筑节能改造政策和试点示范，加快政府既有公共建筑的节能改造。要积极推广应用新型和可再生能源。要合理安排城市各项功能，促进城市居住、就业等合理布局，减少交通负荷，降低城市交通的能源消耗。

在城镇化过程中，要通过合理布局，提高土地利用的集约和节约程度。重点是统筹城乡空间布局，实现城乡建设用地总量的合理发展、基本稳定、有效控制；加强村镇规划建设管理，制定各项配套措施和政策，鼓励、支持和引导农民相对集中建房，节约用地；城市集约节地的潜力应区分类别来考虑，工业建筑要适当提高容积率，公共建筑要适当增加建筑密度，居住建筑要在符合健康卫生和节能及采光标准的前提下合理确定建筑密度和容积率；要突出抓好各类开发区的集约和节约占用土地的规划工作。要深入开发利用城市地下空间，实现城市的集约用地，进一步减少黏土砖生产对耕地的占用和破坏。

要降低供水管网漏损率。要重点强化节水器具的推广应用，要提高污水再生利用率，积极推进污水再生利用、雨水利用。着重抓好设计环节执行节水标准和节水措施。合理布局污水处理设施，为尽可能利用再生水创造条件。绿化用水推广利用再生水。

要积极采用新型建筑体系，推广应用高性能、低材（能）耗、可再生循环利用的建筑材料，因地制宜，就地取材。要提高建筑品质，延长建筑物使用寿命，努力降低对建筑材料的消耗。要大力推广应用高强钢和高性能混凝土。要积极研究和开展建筑垃圾与产品的回收和利用。

要培养市民群众的环保意识，逐步实现居住区生活垃圾按照“分类分拣”袋装化进行归集处理，逐步采用垃圾生化处理技术。积极推广绿色建筑、生态建筑等新理念，积极开展绿色居住小区试点和推广工作，结合实际制订可操作性的绿色居住小区标准。

1. 保温外墙的选材

保温外墙要求具有保温、隔热、隔声、耐火、防水、耐久等功能，并满足建筑对其强度的要求，它对住宅的节材和节能都有重要的作用。我国幅员辽阔，按气候分为严寒、寒冷、夏热冬冷和夏热冬暖四个气候区。为了节约采暖和制冷能耗，对其外墙热功能的要求分别为：前者以保温为主；中间两个区要求既保温，又隔热；后者则要求以隔热为主。满足保温功能，做法比较简单，采用保温材料即可；隔热可选择的途径较多，除采用保温材料外，还可采用热反射、热对流的办法等，或者是两者、三者的组合。因此，存在着一个方案优化问题：怎么做更有效，更经济，以及内保温和外保温两种做法如何选择等，不同气候地区的保温外墙构造也不能千篇一律。

近几年我国外墙保温技术发展很快，但大多数是采用大同小异的结构层，即保温层增强聚合物砂浆抹面层的做法，应该说这种做法本身是可行的，但是否有一定的应用范围，加上有些不规范的外墙外侧的选材和施工，使其耐久性令人担忧。由于此项技术很重要，建议选择条件基本具备的高校、科研设计院所和企业，作为我国的保温外墙研发中心，有组织地根据不同的气候区的热功能要求，开发出一些优化的方案来以引导我国的保温外墙健康发展。

2. 非承重内墙的选材

非承重内墙，特别是住宅分户墙和公用走道，要具有耐火、隔声和一定的保温功能和强度的功能。我国现有的非承重内隔墙，多以水泥硅酸盐和石膏两大类胶凝材料为主要组成材料，且可分为板和块两大类。板类中有薄板、条板，最近又在开发整开间的大板，品种有几十种之多，而其中能真正商品化的产品却寥寥无几，板缝开裂成了我国建筑非承重内墙的通病，因而对此材料也有一个优选的问题。

研究和实践表明虽然石膏胶凝材料的强度比水泥低，在流动的水中溶解度也较小，但由于其自身显著的优势，被认为是室内最好的非承重材料。石膏胶凝材料的优点主要表现在：重量轻，耐火性能优异；具有木材的暖性和呼吸功能；凝结时间短，特别适应大规模的工业化生产和文明的干法施工，符合建筑产业化的需要；生产节能、使用节材、可利废、可循环使用、不污染环境，符合国家可持续发展与循环经济的需要。建材情报所曾组织专家对现有的几十种墙体材料做了一次总评分，前三名分别是煤矸石砖、纸面石膏板、石膏砌块，例如人口较多的美国和日本几乎 100% 的非承重内墙是选用纸面石膏板，这又一次证明石膏非承重内墙是住宅内墙最好的选择，它不仅符合国家的发展政策，符合建筑产业化的政策，也可填补国家建设对胶凝材料的需求。

3. 围护结构的节材措施

根据围护结构的保温、隔热、隔声、耐火、防水、耐久等功能要求，房屋建筑对其强度的要求，围护结构的用材现状，将其用材及施工方面的节材措施总结如下：门窗、屋面、外墙等围护结构选用耐候性、耐久性较好的材料。一般来讲，屋面材料和外墙材料要具有良好的防水性能和保温隔热性能，而门窗多采用密封性能、保温隔热性能、隔声性能良好的型材和玻璃等材料；当屋面或墙体等部位采用基层加设保温隔热系统的方式施工时，应选择高效节能、耐久性好的保温隔热材料，以减少保温隔热层的厚度及材料用量；屋面或墙体等部位的保温隔热系统采用专用的配套材料，以加强各层次之间的黏结或连接强度，确保系统的安全性和耐久性；根据建筑物的实际特点，优选屋面或外墙的保温隔热材料系统和施工方式，以确保其密封性、防水性和保温隔热性。例如，采用保温板粘贴、保温板干挂、聚氨酯硬泡喷涂、保温浆料涂抹等施工方式，来达到保温隔热的效果；加强保温隔热系统与围护结构的节点处理，尽量降低“热桥”效应。针对建筑物的不同部位保温隔热特点，选用不同的保温隔热材料及系统以做到经济适用。

随着国民经济的快速发展，生活水准和生活质量的提高，人们对改善工作、生活和居住环境的欲求和期望也日益强烈。因此近年来房屋装饰装修的标准、档次不断提高，并呈上升的趋势。装饰装修在建筑工业企业中也已形成专门的行业，其完成产值占建筑业的比重也越来越大。

室内环境质量与人的健康具有非常密切的关系。然而，因使用建筑装饰装修和各种新型建筑装修材料造成居住环境污染，装修材料产生的污染物对人体健康造成侵害的事件却时有报道，民用建筑室内环境污染问题日益突出。随着大众环境意识、环保意识和健康意识的迅速提高，身体健康与室内环境的关系也越来越受到人们的重视。因此，从建筑装饰装修方面着力于绿色建筑、健康住宅的营造，也正成为越来越多的开发商、建筑师追求的目标。

建筑装饰装修是指为使建筑物构造物内外空间达到一定的环境质量要求，使用装饰装修材料，对建筑物、构造物外表和内部进行修饰处理的工程建筑活动。绿色装修则指通过利用绿色建筑及装饰装修材料，对居室等建筑结构进行装饰装修，创造并达到绿色室内环境主要指标，使之成为无污染、无公害、可持续、有助于消费者健康的室内环境的施工过程。

绿色装修是随着科技发展而发展的，并没有绝对的绿色家居环境。提倡绿色装修的目的在于通过分析我国装饰装修业的现状及问题，采用必要的技术和措施将现在的室内装修污染危害降到最低。

1. 常用的建筑装修材料

我国建筑装修材料可分为有机材料和无机材料两类，这两类材料又有天然与人造之分，天然有机材料的使用越来越少，而人造板材、塑料化纤制品越来越多。例如，常用的无机非金属建筑材料有砂石、砖、水泥、商品混凝土、预制构件、新型墙体材料等；常用的无机非金属装修材料有石材、建筑卫生陶瓷、石膏板、吊顶材料等；常用的人造板材和饰面人造板有胶合板、细木工板、刨花板、纤维板等；常用的溶剂型涂料有醇酸调和漆、醇酸磁漆、硝基清漆、聚氨酯漆等，以及胶黏剂、防水材料、壁纸、地毯等。

2. 建筑装修材料中的有毒物质及其来源

建筑装修材料中的有毒物质多达千种。对人体健康危害较大的有甲醛、苯、氨、总挥发性有机化合物（TVOC）和氢等。

甲醛主要源于用作室内装修的胶合板、细木工板、中密度纤维板和刨花板等人造板材，化学地毯、泡沫塑料、涂料、黏合剂等；苯经常被用作装饰材料、人造板家具的溶剂，同时，也大量存在于各种建筑装修材料的有机溶剂中，如各种油漆的添加剂和稀释剂；氨主要来自建筑施工中使用的混凝土外加剂及以氨水为主要原料的混凝土防冻剂；总挥发性有机化合物（TVCO）主要是人造板、泡沫隔热材料、塑料板材、壁纸、纤维材料等材料的产物；氡有放射性，是镭、钍等放射性蜕变的产物，主要来自建筑装修材料中某些混凝土和天然石材，如石材、瓷砖、卫生洁具、墙砖等。

3. 建筑装修材料中有毒物质的危害

建筑装修材料在生产、使用及废弃阶段均对居民健康危害较大，考虑现代人有 80% 以上的时间是在室内度过的，婴幼儿、老弱病残者在室内的时间更长，故使用阶段危害尤甚。建筑装修材料中有毒物质对人体的伤害原理基本相同，即当有毒物质释放后，被人体组织吸收，然后通过血液循环扩散到全身各处，时间久了便会造成人的免疫功能失调，使人体组织产生病变从而引起多种疾病。如果人们在通风不良的情况下，短时间内吸入有毒气体，还会引起急性中毒，严重的会出现呼吸衰竭，心室颤动甚至死亡。

21世纪是以研究开发节能、节资源、环保型的绿色建材为中心，以研究和开发节省资源的建筑材料、生态水泥，抑制温暖化建材生产技术、绿化混凝土、家具舒适化和保健化建材等为主题的时代。而目前我国建筑和装饰材料原有的环保标准已不能适应建材市场的发展和人们健康生活的需求。为此，必须加快我国制订和修改绿色建材有关环保标准的步伐，加大开发和生产绿色建材的投入，从而实现向国际高标准靠拢的目标。其主要途径有：引进国外新型无污染的环保建材生产技术，或者与外企合作开发生产无污染的环保建材；吸收国外的先进技术并组织攻关研制和开发国产新型无污染的环保建筑及装饰材料。

研究和制定建材室内污染的评价标准和方法，我国对于建筑和装饰材料导致室内污染的评价还处于摸索阶段，尚未制定系统的建筑和装饰材料导致室内污染的评价标准和方法。为有效减少建筑和装饰材料导致室内污染对人体的伤害，提高人们的健康水平，必须加快研究步伐，在尽可能短的时间内制定出一套系统的建筑和装饰材料导致室内污染的评价标准和方法。

施工控制措施要控制装修材料的进场检验，检验合格后方可使用；要注重对施工过程中产生的有害物质的控制，如禁止在室内使用有机溶剂清洗施工用具，禁止使用苯、甲苯、二甲苯和汽油等有害物质进行除油和清除旧涂料，涂料、胶粘剂、水性处理剂、稀释剂和溶剂使用后应及时封闭存放，施工废料应及时清出室内等；除要控制施工过程设计选用的主要材料的使用外，还应注重控制多种辅助材料的使用，如应该严禁使用苯、工业苯、石油苯以及混合苯作为稀释剂和溶剂。另外，还要注重对室内环境质量验收的控制，禁止人住不符合国家相关标准的房间。

新建或新装修的住房在人住前的空置时间应尽量长；人住前要注意室内有害气体的检测和净化，人住后的房间应保持室内良好的通风，有条件的用户可以安装空气净化器或新风机，对室内空气中的有毒有害物质进行过滤、吸附、净化。此外，可以在室内适当放一些有吸附、除尘和杀菌功能的绿色植物，以减少有害物质的污染来改善空气质量。

要实现水资源的可持续利用，必须依靠科学的管理体制和水网的统一管理。实现水资源可持续利用主要取决于人类生产、生活行为和用水方式的选择，关键是强化水资源的管理和开发。因此，为解决日益严重的缺水和水污染问题，当务之急是加强水资源的统一管理问题，即从水资源的开发—利用—保护和管理等各个环节上综合采取有效的对策和措施。

要提高用水效率，当前现实可行的途径就是在全社会，包括农业、工业、生活等各个方面广泛推行节水措施，积极开辟新水源，狠抓水的重复利用和再生利用，协调水资源开发与经济建设和生态环境之间的关系，加速国民经济向节水型方向转变。具体措施有：要做到控制施工现场的水污染；将节约用水和合理用水作为水管理考核的核心目标和一切开源工程的基础。当前节水的奋斗目标分解为：农业应减少无效蒸发、渗漏损失，提高单方水的生产率，达到节水增产双丰收；工业应通过循环用水，提高水的重复利用率，达到降低单位产值耗水量和污水排放量；城市应积极推广节水生活器具，减少生活用水的浪费。要实现当前的节水目标，保证在农业、工业和民用部门实行有效的水资源管理，就要将节水和合理用水作为一项基本国策，并在必要时采取水资源的审计制度。同时，农业、工业和民用部门的水资源有效管理模式，还可以被施工领域的水资源管理工作效仿，从而推进施工领域水资源有效管理体制的形成；在施工过程中采用先进的节水施工工艺。例如，在道路施工时，优先采用透水型路面。因为不透气的路面很难与空气进行热量、水分的交换，缺乏对城市地表温度、湿度的调节能力，容易产生所谓的热岛现象，而且，不透水的道路表面容易积水，降低了道路的舒适性和安全性。透水路面可以弥补上述不透气路面的不足，同时通过路基结构的合理设计起到回收雨水的作用，同时达到节水与环保的目的。因此，在城市推广实施透水路面，城市的生态环境、驾车环境均会有较大改善，并能推动城市中雨水综合利用工程的发展。

施工现场不宜使用市政自来水进行喷洒路面和绿化浇灌等，对于现场搅拌用水和养护用水应采取有效的节水措施，严禁无措施浇水养护混凝土。在满足施工机械和搅拌砂浆、混凝土等施工工艺对水质要求的前提下，施工用水应优先考虑使用建设单位或附近单位的循环冷却水或复用水等。施工现场给水管网的布置应该本着管路就近，供水畅通，安全可靠的原则，在管路上设置多个供水点，并尽量使这些供水点构成环路，同时考虑不同的施工阶段，管网具有移动的可能性。另外，还应采取有效措施减少管网和用水器具的漏损。

施工现场的临时用水应使用节水型产品，安装计量装置并采取有针对性的节水措施。例如，现场机具、设备、车辆冲洗用水应设立循环用水装置；办公区、生活区的生活用水应采用节水系统和节水器具，提高节水器具配置比率。施工现场建立雨水、中水或可再利用水的搜集利用系统，使水资源得到梯级循环利用，如施工养护和冲洗搅拌机的水。可以回收后进行现场洒水降尘。

施工中对各项用水量进行计量管理，具体内容包括：施工现场分别对生活用水与工程用水确定用水定额指标，并实行分别计量管理机制；大型工程的不同单项工程、不同标段、不同分包生活区的用水量，在条件允许的条件下，均应实行分别计量管理机制；在签订不同标段分包或劳务合同时，将节水定额指标纳入合同条款，进行计量考核；对混凝土搅拌站点等用水集中的区域和工艺点进行专项计量考核。

充分运用经济杠杆及政府部门的调节作用，在整体上统一规划布局调度水资源，从而实现水资源的长久性、稳定性和可持续性，这就需要加强水资源的统一管理。首先，打破目前“多龙”管水、部门分割、各行其是、难以协调、部门效益高于国家利益的格局，建立权威的水资源主管部门，加强对水资源的统一管理，将粗放型水管理向集约型转变，将公益型发展模式向市场效益型转移。只有管好、用好、保护好有限的水资源，才能解决中国水资源的可持续开发利用问题。其次，采取加强节水知识的宣传教育、征收水资源费、调整水价，实行计划供水、取水许可制度等行政、法律和经济手段，有力地推动节水工作的开展。

值得一提的是单就凭以上几点节水措施是远远不够的，还要建立节水型的社会，关键不是建筑节水技术的问题，而是人们的节水意识和用水习惯。因此，应该大力倡导人们将淡水资源视为一种珍稀资源，节约用水，促使人们真正有效地树立良好的节水观念。

过去为提升供水能力，先是无节制地开发地表水，当江河流量不够时，就接着筑水坝修水库；在地表水资源不足的情况下，人们又转向对地下水的开采；当发现地下水水位持续下降和地表水逐渐枯竭后，又开始了远距离调水工程。由于无节制地开发地表水，现在很多河流已出现季节性断流现象；由于地下水的超采，地下水位下降，地下水质退化，城市地面塌陷，沿海城市海水入侵等问题日益突出。远距离调水除面临基建投资和运行费用高昂，施工、管理困难等难题外，还面临着生态影响等一系列生态环境及经济负担问题时，我们才意识到这种着眼于传统水资源开发的传统模式，带给我们的后果是那么地令人心痛。

由此可知，要想实现水资源能够可持续利用，必须改变既有的水资源开发利用模式。目前，世界各国对水资源的开发和利用已经将重点转向非传统水资源，非传统水资源的开发利用正风起云涌。

非传统水资源的开发利用本是为了弥补传统水资源的不足，但已有的经验表明，在特定的条件下，非传统水资源可以在一定程度上替代传统水资源，甚至可以加速并改善天然水资源的循环过程，使有限的水资源发挥出更大的生产力。同时，传统水资源和几种非传统水资源的配合使用，还往往能够缓解水资源紧缺的矛盾，收到水资源可持续利用的功效。因此，根据当地条件和技术经济现状确定开发利用水资源的优先次序，采用多渠道开发利用非传统水资源来达到节水与效益双赢目的的水资源开发利用方法，近年来一直受到世界各国的普遍关注。

非传统水资源包括雨水、中水、海水、空中水资源等，这些水资源的突出优点是可以就地取材，而且是可以再生的。例如，美国加州建设的“水银行”，可以在丰水季节将雨水和地表水通过地表渗水层灌入地下，蓄积在地下水库中，供旱季抽取使用，我国西北部的农田水窖亦如此。再如，在美国、日本、以色列等国，厕所冲洗、园林和农田灌溉、道路保洁、洗车、城市喷泉、冷却设备补充用水等都大量使用中水，还有海水用作工业冷却水、生活冲厕水等。再者海水经过淡化后还可以用作生活饮用水。另外，对于降雨极少和降雨过于集中的地区，在适当的气候条件下进行人工降雨，将空中的水资源化作人间的水资源，也不失为开发水资源的又一条有效途径。可见，根据当地条件合理开发利用各种非传统水资源，可以有效缓解水资源的紧缺现状。

制定合理的施工能耗指标，提高施工能源利用率。由于施工能耗的复杂性，再加上目前尚没有一个统一的提供施工能耗方面信息的工具可供使用，因此，什么是被一致认可的施工节能难以界定，这就使得绿色施工的推广工作进程十分缓慢。因此，制定切实可行的施工能耗评价指标体系已成为在建设领域推行绿色施工的瓶颈。

制定施工能耗评价指标体系及相关标准可以为工程达到绿色施工的标准提供坚实的理论基础；另一方面，建立针对施工阶段的可操作性强的施工能耗评价指标体系，是对整个项目实施阶段监控评价体系的完善，为最终建立绿色施工的决策支持系统提供依据；同时，通过开展施工能耗评价可为政府或承包商建立绿色施工行为准则，在理论的基础上明确被社会广泛接受的绿色施工的概念及原则等，可为开展绿色施工提供指导和方向。

合理的施工能耗指标体系应该遵循以下几个方面的原则：科学性与实践性相结合原则；在选择评价指标和构建评价模型时要力求科学，能够确确实实地达到施工节能的目的以提高能源的利用率；评价指标体系的繁简也要适宜，不能过多过细，避免指标之间相互重叠、交叉；也不能过少过简导致指标信息不全面而最终影响评价结果。目前，施工方式的特点是粗放式生产，资源和能源消耗量大、废弃物多，对环境、资源造成严重的影响，建立评价指标体系必须从这个实际出发。针对性和全面性原则，首先指标体系的确定必须针对整个施工过程并紧密联系实际，因地制宜，并有适当的取舍；其次，针对典型施工过程或施工方案设定统一的评价指标；最后指标体系结构要具有动态性。要把施工节能评价看作一个动态的过程，评价指标体系也应该具有动态性，评价指标体系中的内容针对不同工程、不同地点，评估指标、权重系数、计分标准应该有所变化。同时，随着科学进步，不断调整和修订标准或另选其他标准，并建立定期的重新评价制度，使评价指标体系与技术进步相适应。

前瞻性引导性原则，要求施工节能的评价指标应具有一定的前瞻性，与绿色施工技术经济的发展方向相吻合；评价指标的选取要对施工节能未来的发展具备一定的引导性，尽可能反映出今后施工节能的发展趋势和重点。通过这些前瞻性、引导性指标的设置，引导未来施工企业的施工节能发展方向，促使承包商、业主在施工过程中重点考虑施工节能。

具备可操作性，要求指标体系中的指标一定要具有可度量性和可比较性以便于操作。一方面对于评价指标中的定性指标，应该通过现代定量化的科学分析方法加以量化，另一方面评价指标应使用统一的标准衡量，消除人为可变因素的影响，使评价对象之间存在可比性，进而确保评价结果的公正、准确。此外，评价指标的数据在实际中也应方便易得。总之，在进行施工节能评价过程中，必须选取有代表性、可操作性强的要素作为评价指标。对于所选择的单个评价指标，虽仅反映施工节能的一个侧面或某一方面，但整个评价指标体系却能够细致反映施工节能水平的全貌。

优先使用国家或行业推荐的节能、高效、环保的施工设备和机具。工程机械的生产成本除了原材料、零部件外，主要是生产过程中的电、水、气的消耗和人工成本，节能、减耗的目标也就相应明显，就是减少生产过程中的电、水、气消耗，并把产生的热量等副产品加以利用。从目前的节能技术和产品来看，国内在上述方面已经比较成熟。除了变频技术节电外，更有先进的利用节能电抗技术对电力系统进行优化处理。作为工程机械的终端用户，建筑企业在施工过程中应该优先使用国家，行业推荐的节能、高效、环保的施工设备和机具，淘汰低能效、高能耗的“老式”机械。

施工现场分别设定生产、生活、办公和施工设备的用电控制指标，定期进行计量、核算、对比分析，并有预防与纠正措施，建筑施工临时用电主要应用在电动建筑机械、相关配套施工机械、照明用电及日常办公用电等方面。施工用电作为建筑施工成本的一个重要组成部分，其节能已经成为现在建筑施工企业深化管理、控制成本的一个有力窗口。根据建筑施工用电的特点，建筑施工临时用电应该分别设定生产、生活、办公和施工设备的用电控制指标，定期进行计量、核算、对比分析，并有预防与纠正措施。

在施工组织设计中，合理安排施工顺序、工作面以减少作业区域的机具数量，相邻作业区充分利用共有的机具资源。安排施工工艺时，应优先考虑耗用电能的或其他能耗较少的施工工艺，避免设备额定功率远大于使用功率或超负荷使用设备的现象。

按照设计图纸文件要求，编制科学、合理，具有可操作性的施工组织设计，确定安全、节能的方案和措施。要根据施工组织设计，分析施工机械使用频次、进场时间、使用时间等，合理安排施工顺序和工作面等，减少施工现场或划分的作业面内的机械使用数量和电力资源的浪费。安排施工工艺时，应优先考虑耗用电能的或其他能耗较少的施工工艺。例如：在进行钢筋的连接施工时，尽量采用机械连接以减少采用焊连接。

根据当地气候和自然资源条件，充分利用太阳能、地热等可再生能源，太阳能、地热等可再生能源的利用与否，是施工节能不得不考虑的重要因素。特别在日照时间相对较长的中国南方地区，应当充分利用太阳能这一可再生资源。例如：减少夜间施工作业的时间，可以降低施工照明所消耗的电能；工地办公场所的设置应该考虑到采光和保温隔热的需要，减少采光和空调所消耗的电能，地热资源丰富的地区应当考虑尽量多地使用地热能，特别是在施工人员生活方面。

临时用地是指在工程建设施工和地质勘查中，建设用地单位或个人在短期内需要临时使用，不宜办理征地和农用地转用手续的，或者在施工、勘察完毕后不再需要使用的国有或者农民集体所有的土地，不包括因临时使用建筑或者其他设施而使用的土地。临时用地是临时使用而非长期使用的土地，在法规表述上可称为“临时使用的土地”，与一般建设用地不同的是：临时用地不改变土地用途和土地权属，只涉及经济补偿和地貌恢复等问题。

工程建设施工临时用地，包括工程建设施工中设置的建设单位或施工单位新建的临时住房和办公用房，临时加工车间和修配车间、搅拌站和材料堆场，还有预制场、采石场、挖砂场、取土场、弃土（渣）场、施工便道、运输通道和其他临时设施用地；因从事经营性活动需要搭建临时性设施或者存储货物临时使用的土地；架设地、上线路、铺设地下管线和其他地下工程所需临时使用的土地等。地质勘探过程中的临时用地，包括建筑地址、厂址、坝址、铁路、公路选址等需要对工程地质、水文地质情况进行勘测、勘察所需要临时使用的土地等。

临时用地应该以不得破坏自然景观、污染和影响周边环境、妨碍交通、危害公共安全为原则，下列土地一般不得作为临时用地：城市规划道路路幅用地，防汛通道、消防通道、城市广场等公用设施和绿化用地，居民住宅区内的公共用地，基本农田保护区和文物保护区域内的土地，公路及通信管线控制范围内的土地，永久性易燃易爆危险品仓库，电力设施、测量标志、气象探测环境等保护区范围内的土地，自然保护区、森林公园等特用林地和重点防护林地，以及其他按规定不宜临时使用的土地。

统筹安排各类、各区域临时用地；尽可能节约用地、提高土地利用率；可以利用荒山的，不占用耕地；可利用劣地的，不占用好地；占用耕地与开发复垦耕地相平衡，保障土地的可持续利用。

在项目可行性研究阶段，应编制临时用地特别是取弃土方案，针对项目性质、地形地貌、取土条件等来确定取、弃土用地控制指标，并据此编制土地复垦方案，纳入建设项目用地预审内容。对于生产建设过程中被破坏的农民集体土地复垦后不能用于农业生产或恢复原用途的，经当地农民集体同意后，可将这部分临时用地由国家依法征收。在项目施工过程中，探索建立临时用地监理制度，加强用地批后监管。用地单位和个人不得改变临时用地的批准用途和性质，不得擅自变更核准的位置，不得无故突破临时用地的范围；不得擅自将临时用地出卖、抵押、租赁、交换或转让给他人；不得在临时用地上修建永久性建筑物、构筑物和其他设施；不得影响城市建设规划市容卫生，妨碍道路交通，损坏通信、水利、电路等公共设施，不得堵塞和损坏农田水系配套设施。

光污染是人们新近意识到的一种环境污染，这种污染通过过量的或不适当的光辐射对人类生活和生产环境造成不良影响，它一般包括白亮污染、人工白昼污染和彩光污染。有时人们按光的波长将它们分为红外光污染、紫外光污染、激光污染及可见光污染等。

“光污染”已成为一种新的城市环境污染源，正严重威胁着人类的健康。城市建设中光污染主要源于建筑物表面釉面砖、磨光大理石、涂料，特别是玻璃幕墙等装饰材料形成的反光。随着夜景照明的迅速发展，特别是大功率高强度气体放电（HID）光源的广泛采用，使得夜景照明亮度过高，形成了“人工白昼”；施工过程中，夜间施工的照明灯光及施工中电弧焊、闪光对接焊工作时发出的弧光等也是光污染的重要来源。

光污染虽未被列入环境防治范畴，但人们对它的危害认识越来越清晰，这种危害在日益加重和蔓延。在城市中玻璃幕墙不分场合的滥用，对人员、环境及天文观察造成了一定的危害，成为建筑光学急需研究解决的问题。

首先，光的辐射及反射污染严重影响交通，街上和交通路口一幢幢大厦幕墙，就像一面面巨大的镜子在阳光下对车辆和红绿灯进行反射，光进入快速行驶的车内造成人突发性暂时失明和视力错觉，危害行人和司机的视觉功能而造成交通事故；建在居住小区的玻璃幕墙给周围居民生活也带来不少麻烦，通常幕墙玻璃的反射光比太阳光更强烈，刺目的强烈光线破坏了室内原有的气氛，使室温增高，影响到人们正常的生活，在长时间白色光亮污染环境下生活和工作，容易使人产生头晕目眩、失眠心悸、食欲下降、心绪低落、神经衰弱及视力下降等病症，造成人的正常生理及心理发生变化，长期被照射会诱使某些疾病加重。玻璃幕墙容易被污染，尤其是大气含尘量多、空气污染严重、干燥少雨的北方广大地区玻璃蒙尘纳垢非常难看，有碍市容。此外，由于一些玻璃幕墙材质低劣、施工质量差、色泽不均匀、波纹各异，光反射形成杂乱漫反射，这样的建筑物外形只能使人感到光怪离奇，形成更严重的视觉污染。

其次，土木工程中钢筋焊接工作量较大，焊接过程中产生的强光会对人造成极大的伤害。电焊弧光主要包括红外线、可见光和紫外线，这些都属于热线谱。当这些光辐射作用在人体上时，机体组织便会吸收，引起机体组织热作用、光化学作用或电离作用，导致人体组织内发生急性或慢性的损伤。红外线对人体的危害主要是引起组织的热作用。在焊接过程中，如果眼部受到强烈的红外线辐射，便会立即感到强烈的灼伤和灼痛，产生闪光幻觉。长期接触可能造成红外线白内障、视力减退，严重时可导致失明。电焊弧光可见光线的强度大约是肉眼正常承受光度的一万倍，当可见光线辐射人的眼睛时，会产生疼痛感，看不清东西，在短时间内失去劳动能力。电焊弧光中的紫外线对人体的危害主要是光化学作用，对人体皮肤和眼睛造成损害。皮肤受到强烈的紫外线辐射后，可引起皮炎，弥漫性红斑，有时出现小水泡，渗出液，有烧灼感、发痒症状。如果这种作用强烈时伴有全身症状：头痛、头晕、易疲劳、神经兴奋、发烧、失眠等。紫外线过度照射人的眼睛，可引起眼睛急性角膜炎和结膜炎，即电光眼炎，这种现象通常不会立刻表现出来，多数被照射后4~12 天发病，其症状是出现两眼高度畏光、流泪、异物感、刺痛、眼睑红肿、痉挛并伴有头痛和视物模糊。

最后，由于我国基础建设迅速开展，为了赶工期，夜间施工非常频繁。施工机具的灯光及照明设施在晚上会造成强烈的光污染。美国一份调查研究显示，夜晚的华灯造成的光污染已使世界上 1/5 的人对银河系视而不见。在远离城市的郊外夜空，可以看到几千颗星星，而在大城市却只能看到几十颗。可见，视觉环境已经严重威胁到人类的健康生活和工作效率，每年给人们造成大量损失。为此，关注视觉污染，改善视觉环境，已经刻不容缓。

城市的“光污染”问题在欧美和日本等发达国家早已引起人们的关注，在多年前就开始着手治理光污染。随着“光污染”的加剧，我国在现阶段应该大力宣传“光污染”的危害，以便引起有关领导和人民群众的重视，在实际工作中来减少或避免“光污染”。

防治光污染是一项社会系统工程，由于我国长期缺少相应的污染标准与法规，因而不能形成较完整的环境质量要求与防范措施，需要有关部门制定必要的法律和规定，并采取相应的防护措施，而且应组织技术力量对有代表性的“光污染”进行调查和测量，摸清“光污染”的状况，并通过制定具体的技术标准来判断是否造成光污染。在施工图审查时就需要考虑“光污染”的问题，总结出防治光污染的措施、办法、经验和教训，尽快地制定我国防治“光污染”的标准和规范是当前的一项迫切任务。

尽量避免或减少施工过程中的光污染，在施工中灯具的选择应以日光型为主，尽量减少射灯及石英灯的使用，夜间室外照明灯加设灯罩，透光方向集中在施工范围。

我国相关建设部门针对施工现场的污水也采取了一定的处理办法，主要有如下几点：

1. 污水排放单位应委托有资质的单位进行废水水质检测，提供相应的污水检测报告。

2. 保护地下水环境，采用隔水性能好的边坡支护技术，在缺水地区或地下水位持续下降的地区，基坑降水尽可能少地抽取地下水；当基坑开挖抽水量大于 50 万立方米时，应进行地下水回灌并避免地下水被污染。

3. 工地厕所的污水应配置三级无害化化粪池，不接市政管网的污水处理设施；或移动厕所，由相关公司集中处理。

4. 工地厨房的污水有大量的动、植物油，动、植物油必须先除去才可排放，否则将使水体中的生化需氧量增加，从而使水体发生富营养化作用，这将对水生物产生极大的负面影响，而动、植物油凝固并混合其他固体污物更会对公共排水系统造成阻塞及破坏。一般工地厨房污水应使用三级隔油池隔除油脂，常见的隔油池有两个隔间并设多块隔板，当污水注入隔油池时，水流速度减慢，使污水里较轻的固体及液体油脂和其他较轻废物浮在污水上层并被阻隔停留在隔油池里，而污水则由隔板底部排出。

5. 凡在现场进行搅拌作业的必须在搅拌机前台设置沉淀池，污水流经沉淀池沉淀后可进行二次使用，对于不能二次使用的施工污水，经沉淀池沉淀后方可排入市政污水管道。建筑工程污水包括地下水、钻探水等，含有大量的泥沙和悬浮物。一般可采用三级沉降池进行自然沉降，污水自然排放，大量淤泥需要人工清除可以取得一定的效果。

6. 对于化学品等有毒材料、油料的储存地，应有严格的隔水层设计，同时做好渗漏液收集和处理。对于机修含油废水一律不允许直接排入水体，集中后通过油水分离器处理，出水中的矿物油浓度需要达到 5 毫克 / 升以下，再对处理后的废水进行综合利用。

制约土壤保护的关键因素是我国的人口膨胀，而且不可能在短期内减少人口压力，故针对目前我国土地资源的现状，为及时防止土壤环境的恶化，我国一些地区积极响应并明确规定："在节地方面，建设工程施工总平面规划布置应优化土地利用，减少土地资源的占用。施工现场的临时设施建设禁止使用黏土砖，土方开挖施工应采取先进的技术措施，减少土方开挖量，最大限度地减少对土地的扰动并保护周边的自然生态环境。"

另外，在节地与施工用地保护中，还明确制定了如下措施：

1. 保护地表环境，必须防止土壤侵蚀、流失，因施工造成的裸土，及时覆盖砂石或种植速生草种。以减少土壤侵蚀；因施工造成容易发生地表径流土壤流失的情况，应采取设置地表排水系统稳定斜坡、植被覆盖等措施，减少土壤流失。

2. 沉淀池、隔油池、化粪池等不发生堵塞、渗漏、溢出等现象，及时清掏各类池内沉淀物，并委托有资质的单位清运。

3. 对于有毒有害废弃物，如电池、墨盒、油漆、涂料等应回收后交由有资质的单位处理，不能作为建筑垃圾外运，避免污染土壤和地下水。

4. 施工后应恢复被施工活动破坏的植被。与当地园林、环保部门或当地植物研究机构进行合作，在先前开发地区种植当地或其他合适的植物，以恢复剩余空地地貌或科学绿化，补救施工活动中人为破坏的植被和地貌造成的土壤侵蚀。

在城市施工时如有泥土场地易污染现场外道路时可设立冲水区，用冲水机冲洗轮胎，防止污染施工外部环境。修理机械时产生的液压油、机油、清洗油料等废油不得随地泼倒，应收集到废油桶中并统一处理。禁止将有毒、有害的废弃物用作土方回填。

限制或禁止黏土砖的使用，降低路基并充分利用粉煤灰。毁田烧砖是利益的驱动，也是市场有需求的后果。节约土地要从源头上做起，即推进墙体材料改革，建筑业以新型节能的墙体材料代替实心黏土砖，让新型墙体材料占领市场。

推广降低路基技术，节约公路用地，修建公路取土毁田会对农田造成极大的毁坏。有必要采用新技术来降低公路建设对土地资源的耗费。我国火力发电仍占很大比例，加上供暖所产生的工业剩余粉煤灰总量极大，这些粉煤灰需要占地堆放，如果将这些粉煤灰用于公路建设将是一个便于操作、立竿见影的节约和集约化利用土地的好方法。

地下设施主要包括人防地下空间、民用建筑地下空间、地下通道和其他交通设施、地下市政管网等设施，这类设施通常处于隐蔽状态，在施工中如果不采取必要的措施极其容易受到损害，一旦对这些设施进行损害往往会造成很大的损失。保护好这类设施的安全运行对于确保国民经济的生产和居民正常生活具有十分重要的意义。文物作为我国古代文明的象征，采取积极措施想方设法地保护地下文物是每一个人的责任。当今世界矿产资源短缺的现状，使得各国的危机感大大提高，并竞相加速新型资源的研发，因此，现阶段做好矿产资源的保护工作也是搞好文明施工、安全生产的重要环节。

地下设施、文物和资源通常具有不规律及不可见性，对其保护时需要我们仔细勘探、精密布局、谨慎施工。

开始前应调查清楚地下各种设施，做好保护计划，保证施工场地周边的各类管道、管线、建筑物、构筑物的安全运行。

施工单位必须严格执行上级部门对市政工程建设在文明施工方面所颁发的条例、制度和规定。在土方基础工程开挖作业前，必须对作业点的地下土层、岩层进行勘察，以探明施工部位是否存在地下设施、文物或矿产资源，勘察结果应报相应工程师批准。如果根据勘察结果认为施工场地存在地下设施、文物或资源，应向有关单位和部门进行咨询和查询。

对于已探明的地下设施文物及资源，应采取适当的措施进行保护，其保护方案应事先取得相应部门的同意并得到监理工程师的批准。比如，对于已探明的地下管线，施工单位需要进一步收集管线资料，并请管线单位监护人员到场，核对每根管线确切的标高、走向、规格、容量、完好程度等，并与业主及相关部门积极联系，进一步确认本工程范围中的管线走向及具体位置。然后，根据管线走向及具体位置，在相应地面上做出标志，宜用白灰标志，当管线挖出后应及时给予保护。回填时，回填土应符合相关要求，必须注意土中不应含有粒径较大的石块，雨期施工时则应采取必须的降、排水措施，及时把积水排除。对于道路下的给水管线和污水管线，除采取以上措施外，在车辆穿越时，应设置土基箱，确保管线受力后不变形，不断裂，对于工程中有管线的位置将设置警示牌。

开工前和实施过程中，施工负责人应认真向班组长和每一位操作工人进行管线，文物及资源方面的技术交底，明确各自的责任。应设置专人负责地下相关设施、文物及资源的保护工作，并需要经常检查保护措施的可靠性，当发现现场条件变化，保护措施失效时应立即采取补救措施，要督促检查操作人员（包括民工）遵守操作规程，制止违章操作、违章指挥和违章施工。

开挖沟槽和基坑时，无论人工开挖还是机械挖掘均需分层施工，每层挖掘深度易控制在 20~30 厘米。一旦遇到异常情况，必须仔细而缓慢挖掘，把情况弄清楚后或采取措施方可按照正常方式继续开挖。

施工过程中如遇到露出的管线，必须采取相应的有效措施，如进行吊托、拉攀、砌筑等固定措施，并与有关单位取得联系，配合施工，以求施工安全可靠。施工过程中一旦发现文物，立即停止施工，保护现场并尽快通报文物部门并协助文物部门做好相应的工作。施工过程中发现现状与交底或图纸内容、勘探资料不相符时或出现直接危及地下设施、文物或资源安全的异常情况时，应及时通知相关单位到场研究，商议制定补救措施，在未做出统一结论前，施工人员和操作人员不得擅自处理。施工过程中一旦发现地下设施、文物或资源出现损坏事故，必须在 24 小时内报告主管部门和业主，且不得隐瞒。

第四章　绿色建筑施工的土方工程

近年来，随着我国科学技术水平的不断提高，土木工程施工技术存在的问题被社会普遍关注。将绿色施工技术以及可持续发展应用在土木工程中对于提高土木工程的整体质量有着尤为重要的意义。目前绿色施工技术缺乏长久性，还需要我们不断地努力。实现建筑工程的绿色施工技术，不仅是对建筑业的创新，同时为我国走生态发展的路线也奠定了坚实的基础。基于此，本章主要对相关问题进行分析，以供大家参考。

第一节　土的分类与工程性质

一、土方工程的分类与施工特点

（一）土方工程的分类

土方工程是建筑工程施工的主要工程之一，主要包括土方的开挖、运输、回填、压实、路基修筑等过程以及排水、降水和土壁支撑的准备及辅助工作。

一般在建筑工程中，土方工程的开挖可按其几何形体不同分为以下四类：

1. 场地平整。是将天然地面改造成要求的设计平面时所进行的土方施工全过程，在三通一平工作中，包括确定场地设计标高，计算挖、填土方量，土方调配等，一般指挖、填平均厚度≤ 300 毫米的土方施工过程。

2. 基坑开挖。是指开挖底面积≤ 20 平方米，且长宽比＜ 3 的土方施工过程。

3. 基槽开挖。是指开挖宽度≤ 3 米，且长宽比≥ 3 的土方施工过程。

4. 地下大型土方开挖。是指山坡切土或挖填厚度＞ 300 毫米，开挖宽度＞ 3 米，开挖底面积＞ 20 平方米的土方施工过程。

（二）土方工程的施工特点

1. 土方工程的施工面广、量大、工期长、劳动强度大。大型建筑项目的土方工程施工，其施工面积可达数十平方千米，土方量达数万立方米；大型基坑的开挖，有的深度达 20 多米。

2. 土方工程的施工条件复杂。土方工程施工多为露天作业，受地质、水文、气候和邻近建筑物条件的影响较大，不确定因素多。

3. 土方工程的施工质量要求高。土方工程施工涉及的内容广，既要满足标高准确、土体强度与承载力的要求，又要满足土体边坡稳定、断面合理的要求。

因此，为了减轻劳动强度，提高劳动生产率，缩短工期，降低工程成本，在组织土方工程施工前，必须根据工程实际条件，认真研究和分析各项技术资料，做好施工组织设计，制订经济合理的施工方案，施工过程中科学管理，严格按设计要求和施工规范的规定进行质量检查与检验，以保证工程质量和较好的经济效果。

二、土的分类与工程性质

（一）土的分类

土的种类繁多，分类方法也很多，如可按土的沉积年代、颗粒级配、密实度、液性指数等分类。

在建筑施工中，常根据土方施工时土的开挖难易程度，将土分为八类，即松软土、普通土、坚土、砂砾坚土、软石、次坚石、坚石、特坚石，前四类为土，后四类为岩石。

（二）土的工程性质

土的工程性质对土方工程施工有直接影响，也是确定土方工程施工方案的基本资料。在进行土的成分分析时，土的性质较多，如土的密实度、孔隙率、抗剪强度、土压力、可松性、含水量、渗透性等，在这里仅对土方施工中常见的基本性质说明如下：

1. 土的含水量

土的含水量是指土中水的质量与固体颗粒质量的百分比，用 ω 表示，即

$$\omega = \frac{m_w}{m_s} \times 100\%$$

式中 m_w——土中水的质量，千克；

m_s——土中固体颗粒的质量，千克。

土的含水量是反映土干湿程度的重要指标，一般采用烘干法测定。土的含水量对土方开挖、边坡稳定、回填土的压实等均有影响。天然土层的含水量变化范围很大，它与土的种类、埋藏条件及其所处的地理环境等有关。

2. 土的密度

（1）土的天然密度

土在天然状态下单位体积的质量被称为土的天然密度，用 ρ 表示，即

$$\rho = \frac{m}{V}$$

式中 ρ——土的天然密度，千克 / 立方米；

m_s——土的总质量，千克；

V——土的天然体积，立方米。

（2）土的干密度

单位体积土中固体颗粒的质量被称为土的干密度，用 ρ 表示，即

$$\rho_d = \frac{m_s}{V}$$

式中 ρ_d——土的干密度，千克 / 立方米；

m_s——土中固体颗粒的质量，千克；

V——土的天然体积，立方米。

土的密度通常采用环刀法和烘干法测定。工程上常把土的干密度作为评定土体密实程度的标准，以控制基底压实及填土工程的压实质量。

3. 土的可松性

土具有可松性，即自然状态下的土经开挖后，其体积因松散而增大，以后虽经回填压实，其体积仍不能恢复原状。土的可松性程度一般用可松性系数表示，即最初可松性系数 K_s

$$K_S = \frac{V_1}{V}$$

最终可松性系数 K'_S

$$K_S' = \frac{V_2}{V_1}$$

式中 V—土的天然体积，立方米；

V_1—开挖后土的松散体积，立方米；

V_2—回填压实后土的体积，立方米。

在土方工程施工中，土的可松性对土方量的平衡调配、土方运输量和运土机具的数量，回填土预留量等均有很大影响。

4. 土的渗透性

土的渗透性是指土体被水透过的性质。土的渗透性一般用渗透系数表示，即水在单位时间内穿透土层的能力，表达公式为：

$$K = \frac{v}{I}$$

$$I = \frac{H_A - H_B}{L}$$

式中 K——土的渗透系数，米 / 天；

v——水在土中的渗流速度，米 / 天；

I——土的水力坡度；

H_A、H_B——A、B 两点的水位，米；

L——土层中水的渗流路程，米。

土的渗透系数的大小可反映出土体透水性的强弱，是计算降低地下水时涌水量的主要参数，它与土的种类、密实程度有关，一般可以通过室内渗透试验或现场抽水试验测定，根据土的渗透性不同，可将土分为透水性土（如砂土）和不透水性土（如黏土）。

第二节　土方工程开挖

一、施工准备

土方工程施工前，应结合设计图纸对施工区域的地质、水文及周边环境进行认真查勘，制定经济合理的施工方案，做好施工场地清理、排除地表水、三通一平、修筑临时设施、测量放线等工作，并且要做好机具、材料和人员的准备工作。

（一）场地清理

场地清理包括清理地面及地下的各种障碍物，例如施工场地内的房屋、树木、古墓、架空管线、地下管线的拆除或迁移等。此项工作一般由建设单位完成，也可委托给施工单位。必要时，应与有关部门取得联系并办理相关手续后方可进行拆迁。

（二）排除地表水

地表水的排除一般采取排水沟、截水沟、挡水土坝等措施，使施工场地保持干燥，以便于土方工程施工。

（三）三通一平

三通一平工作主要是保证施工场地内道路通、水通、电通，完成施工场地的平整工作。

（四）修筑临时设施

施工现场临时设施主要是指供施工使用的生产、生活用房，料场、仓库、围墙等。现场所搭设的临时设施应报请当地的规划、市政、消防、交通、环保等有关部门审批后才能搭设。

（五）测量放线

1. 建立测量控制网

土方工程施工前，结合总平面图的要求，将规划确定的水准点和红线桩引至施工现场并做好固定和保护工作，在施工场地内按一定的距离布点，形成测量控制网，以控制施工场地的平面位置和高程。

2. 定位与放线

根据引入施工场地内的基准点，采用测量仪器确定拟建建筑物的所有轴线，并在施工场地的安全位置做好控制桩。结合施工图纸，利用控制桩进行基坑（槽）放线，确定土方开挖的边线。

二、土方边坡

在开挖基坑、沟槽或填筑路堤时，为了防止塌方，保证施工安全及边坡稳定，在施工场地许可的情况下可以采用放坡开挖的施工方案。

（一）边坡的形式

土方边坡的形式一般根据基坑（槽）开挖深度、土的工程性质、边坡附近地面堆载情况和工程的重要性设计确定。在满足土体边坡稳定的条件下，可做成直线形、折线形或阶梯形。

（二）防止边坡塌方的主要措施

1. 严格按规范的要求正确留置边坡。在土方开挖过程中，应随时观察边坡土体的变化情况，边挖边检查，每 3 米左右修坡一次，确保边坡的稳定。

2. 基坑（槽）边缘堆置土方应与基坑（槽）边缘保持一定距离，一般距基坑（槽）上边缘不少于 2 米，堆置高度不应超过 1.5 米。在垂直的坑壁上，此安全距离还应适当加大。软土地区不宜在基坑边上堆置弃土。

3. 做好基坑（槽）周围的地面排水和防水工作，严防雨水、施工用水等地表水浸入边坡土体。在雨季施工时，应更加注意检查边坡的稳定性，必要时可加设支撑。

4. 基坑（槽）开挖后，可采用塑料薄膜覆盖、水泥砂浆抹面、挂网抹面、喷浆等方法进行边坡坡面防护，防止边坡失稳。

5. 基坑（槽）经验槽后，应及时进行垫层、基础施工及地下结构的施工。

三、土壁支护

开挖基坑（槽）时，如地质条件及周围条件允许，采用放坡开挖是经济的，但在建筑密集地区施工，有时不允许按要求放坡开挖，或者有防止地下水渗入基坑的要求时，就需要采用支护结构，以保证施工安全，并减少对相邻已有建筑物的不利影响。采用支护结构应考虑施工方便，经济合理，并有利于土方开挖和地下工程的施工。

基坑（槽）支护结构主要由围护结构和撑锚两部分组成。其主要作用是支撑土壁，同时兼有不同程度的挡水作用，以保证基坑开挖和基础施工能安全顺利地进行，避免对周围的建筑物、道路和地下管线等产生危害。

（一）浅沟（槽）支护

开挖宽度不大，深 5 米以内的浅沟（槽），多采用横撑式土壁支撑。横撑式土壁支撑根据挡土板设置的不同，分为水平挡土板式和垂直挡土板式两类，前者又分为间断式、断续式和连续式三种，后者又分为断续式和连续式两种。

1. 间断式水平挡土板支撑

支撑方法：两侧挡土板水平放置，用工具或横撑顶紧，挖一层土支顶一次。

适用条件：能保持直立壁干土或天然湿度的黏性类土，地下水很少，深度在 2 米以内。

2. 断续式水平挡土板支撑

支撑方法：挡土板水平放置，中间留出间隙，在两侧同时对称立竖棱木，用工具或横撑上下顶紧。

适用条件：能保持直立壁干土或天然湿度的黏性类土，地下水很少，深度在 3 米以内。

3. 连续式水平挡土板支撑

支撑方法：挡土板水平连续放置，在两侧同时对称立竖棱木，用工具或横撑上下顶紧。
适用条件：较松散的干土或天然湿度的黏性类土，地下水很少，深度为 3~5 米。

4. 连续式垂直挡土板支撑或断续式垂直挡土板支撑

支撑方法：挡土板垂直放置，连续或留适当间隙，然后每侧上下各水平顶一根棱木，再用横撑顶紧。

适用条件：土质较松散或湿度大的土，地下水较少，深度不限。

采用横撑式土壁支撑时，应随撑随挖，支撑要牢固。施工中应经常检查，如有松动、变形等现象，应及时加固或更换。支撑的拆除应按回填顺序依次进行，多层支撑应自下而上逐层拆除，随拆随填。

（二）浅基坑支护

对于开挖宽度较大、深度不大的基坑，可采用下列方法进行支护：

1. 斜柱支撑。水平挡土板钉在柱桩内侧，柱桩外侧用斜撑支顶，斜撑底端支在木桩上，然后在挡土板内侧回填土。

2. 锚拉支撑。水平挡土板支在柱桩内侧，柱桩一端打入土中，另一端用拉杆与锚桩拉紧，然后在挡土板内侧回填土。

3. 短桩横隔板支撑。打入小短木桩，部分打入土中，部分露出地面，钉上水平挡土板，在背面填土、捣实。

4. 临时挡土墙支撑。沿坡脚用砖、石叠砌或用草袋装土、砂堆砌，使坡脚保持稳定。

（三）深基坑支护

随着高层和超高层建筑的出现和发展，深基坑（大于 5 米）的地下建筑日益增多。因此，为了满足高层建筑的土方与基础工程顺利施工和邻近地基、已有建筑物的安全，必须进行深基坑支护。

深基坑支护一般有重力式支护结构、非重力式支护结构和复合式支护结构等三种形式。按其工作机理和围护墙的形式可分为水泥土墙式、排桩与板墙式、边坡稳定式（如土层锚杆、土钉墙）和逆作拱墙式等类型。实际工作中，深基坑支护方案的选择应根据基坑周边环境、土层构造、工程地质、水文情况、开挖深度、施工拟采用的挖方、排水方法、施工作业的设备条件、安全等级以及技术经济效果等因素加以综合全面的考虑。现将常用的几种支护结构介绍如下：

1. 水泥土墙式支护结构

一般水泥土墙式支护结构多采用深层搅拌水泥土桩墙，即通过深层搅拌机就地将水泥浆和土强制搅拌，制成水泥土桩，相互连续搭接形成的水泥土柱状加固体挡墙。其水泥土加固体的强度可达 0.8~1.2 兆帕，渗透系数不大于 7 厘米 / 秒，既能挡土，又能止水防渗，一般适用于软土地区，深度≤ 7 米的基坑工程。

（1）构造要求

水泥土桩墙通常布置成格栅式，相邻桩搭接长度不小于 200 毫米，截面置换率（加固土的面积：水泥土桩墙的总面积）为 0.6~0.8。墙体的宽度 b 和插入深度 hd，根据坑深、土层分布及其物理力学性能、周围环境情况、地面荷载等计算确定。当基坑开挖深度 h ≤ 5 米时，可按经验取 b=(0.6~0.8)h，hg=(0.8~1.2)h。

支护结构的水泥土加固体多采用强度等级为 32.5 的普通硅酸盐水泥，水泥掺量（水泥质量与加固土体质量的比值）通常为 12%~15%，水泥浆的水灰比≤ 0.45，水泥土围护墙的 28 d 龄期强度应不低于 0.8 兆帕，未达到设计强度前不得进行基坑开挖。

（2）深层搅拌水泥土桩墙的施工

深层搅拌水泥土桩墙的施工工艺、机械设备及施工方法详见“深层搅拌地基施工”。

2. 排桩与板墙式支护结构

排桩与板墙式支护结构形式很多，一般有板桩式、排桩式、板墙式组合式等。

（1）板桩式支护

板桩式支护通常采用钢板桩（钢筋混凝土板桩）或型钢桩横挡板等支护形式对拟开挖的土壁进行支撑，适用于土质较好、地下水位较低、深度不大的一般黏性土和砂土基坑。由于这种支护需用大量的特制钢材，一次性投资较高，现已很少采用。

（2）排桩式支护

排桩式支护通常采用钢管桩、预制混凝土桩、灌注桩等支护形式对拟开挖的土壁进行支撑，工程中多采用挡土灌注桩支护。挡土灌注桩具有刚度较大、抗弯强度高、变形相对较小、安全性好、设备简单、施工方便、费用较低等优点，适用于黏性土、开挖面积较大、较深（大于 6 米）的基坑，以及在不允许邻近建筑物有较大下沉、位移时采用。一般土质较好可用于悬臂 7~10 米的情况，若在顶部设拉杆，中部设锚杆，则可用于 3~4 层地下室开挖的支护。

1）构造形式。挡土灌注桩主要有间隔式、双排式和连续式等三种构造形式。间隔式：

每隔一定距离设置一桩，成排设置，在顶部设置连续梁连成整体共同工作。双排式：将按桩前后或呈梅花形两排布置，桩顶设置连续梁成门式钢架，以提高抗弯刚度，减少位移。连续式：一桩连一桩形成一道排桩，在顶部设置连续梁连成整体共同工作。

2）构造要求。挡土灌注桩间距一般为 1~2 米，桩直径为 0.5~1.1 米，埋深为基坑深度的 0.5~1.0 倍。桩配筋根据侧向荷载由计算而定，一般主筋直径为 14~32 毫米，当为构造配筋时，每桩不少于 8 根，箍筋采用 8 毫米，间距为 100~200 毫米。

挡土灌注桩的施工。挡土灌注桩的施工工艺机械设备及施工方法同现场灌注桩。

3. 板墙式支护结构

板墙式支护一般采用地下连续墙作为土壁支护结构，即在开挖的基坑周围，先建造混凝土或钢筋混凝土地下连续墙，达到强度后，在墙中间用机械或人工挖土，直至要求深度。当跨度深度很大时，可在内部加设水平支撑及支柱。用于逆作法施工时，每下挖一层，把下一层梁、板、柱浇筑完成，以此作为地下连续墙的水平框架支撑，如此循环作业，直到地下室的底层全部浇筑完成。其适用于开挖较大、较深（10 米），有地下水，周围有建筑物、公路的基坑，也可作为地下室结构的部分外墙使用。

挡土灌注桩与深层搅拌水泥土桩组合支护挡土灌注桩支护，一般采取每隔一定距离设置，缺乏阻水、抗渗功能，在地下水较大的基坑中应用时，会造成桩间土大量流失，影响支护土体的稳定。为提高挡土灌注桩的抗渗透功能，一般在挡土排桩的基础上，在桩间再加设水泥土桩，以形成一种挡土灌注桩与水泥土桩相互组合而成的支护体系。

挡土灌注桩与深层搅拌水泥土桩组合支护具有既可挡土又可防渗，施工比连续排桩支护快速，节约水泥、钢材，造价较低等优点。其适用于土质条件差、地下水位高、要求既可挡土又可防渗的支护结构。

4. 土层锚杆支护结构

土层锚杆是一种受拉构件，它一端插入土层中，另一端与挡土结构拉结，借助锚杆与土层的摩擦产生的水平抗力抵抗土的侧压力来维护挡土结构的稳定。

（1）土层锚杆的分类

土层锚杆的种类较多，有一般灌浆锚杆、扩孔灌浆锚杆、压力灌浆锚杆、预应力锚杆、重复灌浆锚杆、二次高压灌浆锚杆等多种，最常用的是前四种。

一般灌浆锚杆。一般灌浆锚杆是用水泥砂浆（或水泥浆）灌入孔中，将拉杆锚固于地层内部，拉杆所受的拉力通过锚固段传递到周围地层中。

扩孔灌浆锚杆。扩孔灌浆锚杆是在一般灌浆锚杆的基础上，采用特制的内部扩孔钻头扩大锚固段的直径，主要利用扩孔部分的侧压力来抵抗拉拔力。

压力灌浆锚杆。与一般锚杆不同的是，压力灌浆锚杆是在灌浆时施加一定压力，在压力下水泥砂浆渗入孔壁四周的裂缝中，并在压力下固结，从而使锚杆具有较大的抗拔力。

预应力锚杆。预应力锚杆是先对锚固段用快凝水泥砂浆进行一次压力灌浆，然后将锚杆与挡土结构相连接，施加预应力并锚固，最后在非锚固段进行二次灌浆。这种锚杆往往用于穿过松软地层而锚固在稳定土层中，并使穿过的底层和砂浆都预加压力，在土压力的作用下，可以减少挡土结构的位移。

土层锚杆根据支护深度和土质条件可设置一层或多层。当土质较好时，可采用单层锚杆；当基坑深度较大、土质较差时，可设置多层锚杆。土层锚杆通常会和排桩支护结合起来使用。

（2）土层锚杆的构造与要求

土层锚杆由锚头、拉杆、锚固体等部分组成。土层锚杆根据主动滑动面可分为自由段La（非锚固段）和锚固段Lc。

锚头。锚头由台座、承压垫板和紧固器等组成，与钢横梁及支架组成传力结构。

拉杆。拉杆由钢筋、钢管、钢丝束或钢绞线等制成，一般采用钢绞线和直径22~32毫米的变形钢筋。

锚固体。锚固体由进入锚固段的拉杆与灌入水泥浆在压力下成形。锚固体是承载力的主要来源。

（3）土层锚杆的布置

土层锚杆的布置包括确定锚杆的尺寸、埋深、层数、垂直间距和水平间距倾角等。

锚杆的长度。锚杆的长度一般不小于10米，通常长度为15~25米。其中：锚杆自由段的长度不宜小于5米，并应超过潜在滑裂面1.5米；锚固段长度一般为5~7米，有效锚固长度不宜小于4米，在饱和软黏土中锚杆的锚固段长度以20米左右合适。

锚杆的埋深、层数与间距。为保证不使锚杆引起地面隆起和地面不出现地基的剪切破坏，一般最上层锚杆的覆土厚度不小于4~5米；锚杆的层数应通过计算确定，一般上下层间距为2.0~5.0米，水平间距为1.5~4.5米，或控制在锚固体直径的10倍。

锚杆的倾角。锚杆的倾角不宜小于12.5°，一般宜与水平面成15°~25°倾斜角，且不应大于45°。

（4）土层锚杆的施工

土层锚杆施工一般先将支护结构施工完成，开挖基坑至土层锚杆标高随挖随设置一层土层锚杆，逐层向下设置，直至完成。其主要施工工序如下：

施工准备—土方开挖—测量、放线定位—钻机就位—校正孔位、调整角度—钻孔—清孔—插放拉杆—（压力）灌浆—养护—安装横梁（或预应力锚具）—张拉（仅用于预应力锚杆）—锚头（锚具）锚固。

成孔机具设备。成孔机具设备一般采用螺旋式钻孔机、气动冲击式钻孔机、旋转冲击式钻孔机、履带全行走全液压万能钻孔机，也可采用改装的普通地质钻孔机成孔。在黄土地区，也可采用洛阳铲成孔。

成孔。成孔方法的选择取决于土质和成孔机械。常用土层锚杆的钻孔方法主要有螺旋钻孔干作业法、压水钻孔湿作业法、潜钻成孔法。

螺旋钻孔干作业法：螺旋钻孔于作业法在当土层锚杆处于地下水位以上为非浸水状态

时采用。该方法对黏土、粉质黏土、密实性和稳定性较好的砂土等土层都适用。

压水钻孔湿作业法：压力钻孔湿作业法是在钻孔时不断供水冲洗，始终保持孔口的水位，待钻到设计孔深（一般钻孔深度要大于土层锚杆长 0.5~1.5 米）后，继续用压力水冲洗残留在孔中的土屑，直至水流不显浑浊。该方法将钻孔、出渣、固壁、清孔等工序一次完成，可防止塌孔，适用范围广，是土层锚杆施工中应用较多的一种钻孔工艺。

潜钻成孔法：潜钻成孔法是利用风动冲击式潜孔冲击器成孔，多用于孔隙率较大、含水量较低的土层中。

安放拉杆。拉杆使用前，应除锈和除油污，孔口附近拉杆钢筋应先涂一层防锈漆，并用两层沥青玻璃布包扎做好防锈层。成孔后将钢拉杆插入孔内，在拉杆表面设置定位器，间距在锚固段为 2 米左右，在非锚固段为 4~5 米。在插入拉杆时应将灌浆管与拉杆绑在一起同时插入孔内，放至距孔底保持 50 厘米。如果钻孔时使用套管，则在插入钢筋拉杆后将套管拔出。

灌浆。灌浆的作用是将锚杆锚固在土层中形成锚固段。灌浆材料多采用水泥浆，水灰比宜为 0.5；也可采用水泥砂浆，水泥砂浆的配合比宜为 1 ：1~1 ：2，水灰比宜为 0.38。灌浆方法分为一次灌浆法和二次灌浆法两种。一次灌浆法是用压浆泵将水泥浆通过灌浆管注入锚孔，管端保持离底 150 毫米，随着水泥浆灌入，逐步将灌浆管向外拔出，待浆液回流至孔口时，捣实并封口，再以 0.4~0.6 兆帕的压力进行补灌完成。二次灌浆法是待第一次灌浆初凝后，进行第二次灌浆。对于预应力锚杆灌浆，先灌注锚固段，在灌注的水泥浆具备一定强度后，对锚固段进行张拉，然后灌注非锚固段。

张拉与锚固。预应力锚杆土层锚杆灌浆后，待锚固体强度达到 80% 设计强度以上时，便可对锚杆进行张拉和锚固。张拉设备与预应力结构张拉设备相同，预加应力时应正确估算预应力损失。钢拉杆为钢筋时一般采用螺母锚固，钢拉杆为钢丝束时可采用墩头锚具锚固。

5. 土钉支护结构

土钉支护亦称为喷锚支护或土钉墙，是用于土体开挖和边坡稳定的一种新技术，即基坑开挖时，逐层在坡面上采用较密排列的钻孔注浆钉或击入钉，与土体形成复合体，并在土钉坡面上设置钢筋网，喷射混凝土，使土体、土钉群与混凝土面板结合为一体，增强了土体破坏延性，提高了边坡整体稳定和承受坡顶超载能力。

土钉支护主要适用于地下水位以上或经降水后的杂填土、普通黏性土或非松散性的砂土，基坑侧壁安全等级为二、三级，基坑开挖深度≤ 12 米的土壁支护。由于其经济、可靠、施工简便、快速，所以其已在我国得到广泛使用。

（1）构造要求

土钉支护通常由土钉、面层和排水系统三部分组成。土钉支护的构造与土体特性、支护面的坡角、支护的功能（如临时或永久使用）以及环境安全要求等因素有关。

土钉。一般有钻孔注浆钉、击入钉、注浆击入钉、高压喷射注浆击入钉、气动射入钉等，通常使用钻孔注浆钉。其主要参数如下：

土钉钢筋，一般采用直径为16~32毫米的Ⅰ、Ⅱ级变形钢筋；土钉长度，一般为基坑开挖深度的0.5~1.2倍，顶部土钉长度应不小于0.8倍的基坑深度；土钉间距，水平和竖向间距宜为1~2米，沿面层布置的土钉密度不应低于每6平方米一根，土钉的竖向间距应与每步开挖深度相对应；土钉倾角，土钉与水平面的向下夹角宜为0°~20°，当利用重力向孔中注浆时，倾角≥15°，当上层为软弱土层时，可适当加大倾角；土钉孔径，一般为70~120毫米；注浆材料，强度等级≥M10，宜采用强度≥20兆帕的水泥浆或水泥砂浆，水泥浆的水灰比宜为0.5，水泥砂浆配合比宜为1：1~1：2(质量比)，水灰比宜为0.38~0.45。

面层。土钉支护面层主要由钢筋网和喷射混凝土组成，厚度宜为80~200毫米，常用100毫米。

钢筋网，一般采用直径为6~10毫米的I级钢筋，间距150~300毫米，当面层厚度大于120毫米时，宜设置二层钢筋网，上下段钢筋网搭接长度应大于300毫米；混凝土，混凝土强度等级≥C20，3d龄期强度≥10兆帕，其施工配合比应通过试验确定，水泥宜采用32.5级的普通硅酸盐水泥，粗骨料最大粒径≤12毫米，水灰比≤0.45；土钉与混凝土面层的连接，宜将土钉做成螺纹端，通过螺母，垫板与面层连接，也可采用短钢筋焊接固定；土钉支护的混凝土面层通常应插入基坑底面以下300~400毫米，在基坑顶部宜设置宽度1~2米的喷设混凝土护顶。

排水系统。为了防止地表水渗透喷设混凝土面层进入土体产生压力，降低土体强度和土体与土钉之间的黏结力，土钉支护必须具有良好的排水系统。排水系统主要包括地表排水、支护内部排水以及基坑排水。支护内部排水通常在支护面层的背部插入直径≥40毫米的水平排水管，间距为1.5~2米，将土体内的积水排出。

（2）土钉支护施工

土钉支护施工通常采用边开挖边施工的方法，每段主要施工工序为:基坑开挖、修坡—定位—钻孔—插入土钉钢筋—注浆—绑扎钢筋网喷射混凝土。

1）基坑开挖、修坡

基坑开挖应严格按照设计要求分层分段进行，在上一层作业面土钉与喷射混凝土面层达到设计强度的70%以前，不得进行下一层土层的开挖。对土层地质条件较差的土壁边坡，修坡后应立即喷上一层薄的砂浆或混凝土，待凝结后再进行下一道工序施工。

2）钻孔

钻孔前，应根据设计要求定出土钉孔位并做出标记及编号。钻孔机具通常采用冲击钻机、螺旋钻机、回转钻机和洛阳铲等。成孔过程中应由专人做好记录，按土钉编号逐一记载取出的土体特征、成孔质量、事故处理等，若发现土体与设计认定的土质有较大偏差，应及时修改土钉的设计参数。土钉钻孔的质量应符合下列规定：孔距允许偏差为±100毫米，孔径允许偏差为+5毫米，孔深允许偏差为±30毫米，倾角允许偏差为+1°。成孔后要进行清孔检查，若孔中出现局部渗水、塌孔或掉落松土，应立即处理。

3）插入土钉钢筋

插入土钉钢筋前应对土钉钢筋进行调直、除锈、除油处理，并在钢筋上安装对中定位支架（金属或塑料件），支架间距可为2~3米，以保证钢筋处于孔位中心且注浆后其保护层厚度不小于25毫米。

4）注浆

注浆前要验收土钉钢筋安设质量是否达到设计要求。一般可采用重力、低压（0.4~0.6兆帕）或高压（1~2兆帕）注浆，水平孔应采用压力注浆。

重力注浆和低压注浆宜采用底部注浆方式，注浆导管底端应插至距孔底250~500毫米处；重力注浆以满孔为止，但在浆体初凝前应补浆1~2次；压力注浆应在孔口或规定位置设置止浆塞，注满后保持压力3~5分钟。同时，注浆时要设置排气措施，满足注浆的充盈系数＞1。

5）绑扎钢筋网，喷射混凝土

绑扎、固定钢筋网应在喷射一层混凝土后铺设。钢筋网片可采用焊接或绑扎，牢固固定在边坡上，也可与插入土层中的钢筋固定，满足网格尺寸偏差≤10毫米，每边搭接长度≥200毫米（或一个网格边长），如为搭接焊则不小于10倍的网筋直径，钢筋保护层厚度≥20毫米。

喷射混凝土应分段进行，同一段内喷射顺序应由下而上，一次喷射厚度不宜小于40毫米；当面层厚度≥100毫米时，应分两次喷射，每次喷射厚度宜为50~70毫米。面层喷射混凝土终凝后2小时，可根据当地环境条件，采用喷水、洒水或喷涂养护剂等方法养护，养护时间宜为3~7天。

第三节　降水

在土方开挖过程中，当基底标高低于地下水位时，土的含水层被切断，地下水会不断地渗入坑内；雨期施工时，地表水也会流入坑内，对土方和基础施工影响很大。为了保证施工的正常进行，防止边坡塌方和地基承载能力的下降，必须做好基坑的降水工作。基坑降水的方法可分为重力降水（如集水井降水）和强制降水（如井点降水）。

一、集水井降水

集水井降水又称明排水，即在基坑（槽）开挖至地下水位以下时，沿坑底周围或中央开挖一定坡度的排水沟，设置集水井，使地下水经排水沟流入集水井，然后用水泵抽出坑外。排水沟及集水井应布置在地下水流的上游，基础范围0.4米以外，距坡脚不小于0.3米。

集水井一般沿排水沟内每 20~40 米设置一个，其直径或宽度一般为 0.6~0.8 米，深度保持低于挖土面 0.8~1.0 米。当基坑（槽）挖至设计标高后，井底应低于坑底 1~2 米，并铺设碎石滤水层，以避免抽水时扰动井底土层，井壁可采用简易支撑加固。

排水沟一般设置在基坑（槽）周围或两侧，始终低于开挖土面不小于 0.3~0.4 米，底宽不小于 0.3 米，其纵向坡度宜控制在 3%~5%，坡向集水井。

采用集水井降水时，应根据现场土质条件保持边坡开挖的稳定。边坡坡面上如有局部渗出地下水，应在渗水处设置过滤层，防止土粒流失。集水井降水设备简单，排水方便，较为经济，宜用于粗粒土层和渗水量较小的黏性土层。

当降水深度较大、涌水量较大或土质为细砂或粉砂时，采用集水井降水易产生流砂、管涌等现象，甚至造成边坡塌方及附近建筑物的下沉、倾倒。此时，应采用井点降水、水下挖土、打板桩、地下连续墙或枯水期施工等施工方法。

二、井点降水

井点降水法又称人工降低地下水位法，即在基坑开挖前，预先在基坑（槽）四周或两侧埋设一定数量的滤水管（井），利用抽水设备抽水，使地下水位降至基底以下，直至基础工程施工结束。这样，使基坑（槽）开挖始终保持干燥状态，从而改善了施工条件，从根本上防止了流砂的产生；同时，土层中水分排出后，增加了土层的有效应力，提高了地基土的承载能力。但在降水过程中，基坑（槽）附近的地基土层会有一定的沉降，对邻近建筑物会有一定的影响，施工时应加以注意。

井点降水方法有轻型井点、喷射井点、深井井点、电渗井点及管井井点等，施工中可根据土的渗透系数、降水深度、工程特点及设备条件综合选用。在实际工程中，一般轻型井点应用最为广泛，下面主要介绍轻型井点降水的施工方法。

（一）轻型井点

轻型井点降水，是沿基坑外围以一定间距将井点管（下端为滤管）埋入蓄水层内，在地面上用集水总管将各井点管连接起来，利用抽水设备使地下水经滤管进入井点管，然后经总管排出，从而降低地下水位。

1. 轻型井点设备

轻型井点设备由管路系统和抽水设备组成。

（1）管路系统

管路系统包括滤管、井点管、弯联管和集水总管等。

滤管。滤管通常采用直径 38~110 毫米、长度 1.0~1.5 米的钢管，管壁上钻有直径为 12~18 毫米的滤孔，滤管下端为一铸铁头。管壁外包两层滤网，内层为细滤网（30~80 目），外层为粗滤网（3~10 目），滤网外面再绕一层粗钢丝保护网。滤管上端与井点管采用螺丝套头连接。

井点管与弯联管。井点管常采用直径 38~110 毫米，长度 5~7 米的钢管。井点管上部用弯联管与集水总管相连。弯联管常采用橡胶管或塑料管。

集水总管。集水总管采用直径为 75~110 毫米的钢管，每段长 4 米，每隔 0.8~1.6 米设有与井点管连接的短接头。

（2）抽水设备

根据抽水机组不同，抽水设备一般有真空泵型、射流泵型及隔膜泵型等三种。在实际工程中，常采用前两种抽水设备。

真空泵型抽水设备由真空泵、离心泵和水汽分离器等组成。一般采用 V5 型或 V6 型真空泵与 B 型离心泵配合使用，真空度为 67~80 千帕，降水深度为 5.5~6 米，负荷长度（集水总管长度）可达 116 米，但设备复杂，维修困难，多用于较大的工程降水。

射流泵型抽水设备由射流泵、离心泵和水箱等组成。一般采用 Φ50 型射流泵与 3BL 型离心泵配合使用，真空度可达 100 千帕，降水深度为 5~9 米，负荷长度（集水总管长度）约 50 米，设备简单，维修方便，应用日益广泛。

2. 轻型井点布置

轻型井点布置主要包括平面布置和高程布置。确定布置方案时，应根据基坑的大小与深度、土质、地下水位高低与流向及降水深度要求等确定。

平面布置：

轻型井点降水的平面布置可采用单排布置、双排布置、环形布置及 U 形布置等四种形式。

（1）单排布置。单排布置适用于基坑（槽）≤ 6 米，且降水深度≤ 5 米的情况。井点应布置在地下水的上游一侧，两端延伸长度一般不小于基坑（槽）的宽度。

（2）双排布置。双排布置适用于基坑宽度＞ 6 米或土质不良的情况。

（3）环形布置及 U 形布置。环形布置适用于面积较大的基坑降水。有时为了施工需要，也可留出一段（地下水流下游方向）不封闭，形成 U 形布置。平面布置时，井点管距离基坑壁一般不宜小于 0.7~1.0 米，以防止漏气；井点管间距一般为 0.8~1.6 米，应根据土质、降水深度等经计算或由经验确定。

一套抽水设备的负荷长度一般为 100~120 米，采用多套抽水设备时，井点系统要分段，各段长度应大致相等。

3. 轻型井点计算

轻型井点的计算包括涌水量计算、井点管数量与井距的确定及抽水设备的选用。

涌水量计算：

井点系统的涌水量计算是以水井理论为依据进行的。在计算系统涌水量时，首先要判定水井的类型。

根据井底是否达到不透水层，水井分为完整井和非完整井。井底达到不透水层的称为完整井，否则称为非完整井。根据地下水有无压力，水井分为承压井和无压井。水井布置在地下两层不透水层之间的含水层中时，地下水面具有一定水压，称为承压井；水井布置在具有潜水自由面的含水层中时，地下水面为自由水面，称为无压井。水井可分为无压完整井、无压非完整井和承压完整井、承压非完整井。各类水井的计算方法不同，其中以无压完整井的理论较为完善。

4. 轻型井点的施工

轻型井点的施工一般包括准备工作和井点系统的安装、使用及拆除。

（1）准备工作

轻型井点的准备工作主要包括材料，井点设备和水、电设施的准备，排水沟的开挖，附近建筑物的标高观测以及防止沉降措施的实施。

（2）井点系统的安装

轻型井点的安装程序为：放线定位—铺设总管—埋设井点管—用弯联管连接井点管与总管—安装抽水设备—启动抽水设备试抽水—观测井中地下水位。

井点管的埋设是井点系统安装的关键工作。其埋设方法有射水法、钻孔法和冲孔法等，一般采用冲孔法。冲孔法埋设井点管可分为冲孔和埋管两个过程。

冲孔。冲孔是利用起重设备将冲管吊起并插在井点的位置上，启动高压水泵，将土冲松，冲管则边冲边下沉。冲孔直径一般为 300 毫米，冲孔深度宜比滤管底深 0.5 米左右。

埋管。埋管是在井孔冲成后，立即拔出冲管，插入井点管于冲孔中心位置，并在井点管与孔壁之间迅速填砂滤层，以防孔壁塌土。砂滤层宜选用干净粗砂，填灌均匀，高度达到滤管顶以上 1~1.5 米，以保证水流畅通。填灌砂滤层后，在地面下 1 米范围内应用黏土填实封口，以防漏气。

井点系统安装完毕后，应进行试抽水，检查设备运转是否正常，有无漏气、淤塞现象。如有异常情况，应检修好方可使用。

（3）轻型井点的使用

轻型井点使用时，应保证连续抽水，以防地下水回升，造成边坡塌方等事故。在抽水过程中，应调整离心泵出水阀以控制出水量，使抽吸排水均匀。一般正常的出水规律是“先大后小，先浑后清”。

抽水过程中，要做好检查工作。应定时观测出水量、水位和真空度，并应保持真空度不低于 55.3 千帕。若井点管出现淤塞、漏气等情况，应及时检修纠正。若严重影响降水效果，应逐个用高压水反冲井点管或拔出重新埋设。

（4）井点系统的拆除

在地下结构工程施工完毕且基坑回填土后，井点系统方可拆除。井点管拔出后所留孔洞必须用砂或黏土填实。当地基有防渗要求时，地面下 2 米范围内必须用黏土填实。

（二）其他井点简介

1. 喷射井点

当基坑（槽）开挖较深或降水深度超过 6 米时，采用多级轻型井点已不够经济，当土层渗透系数为 0.1~2.0 米 / 天的弱透水层时，采用喷射井点降水比较合适，其降水深度可达 20 米。

喷射井点根据工作时所用喷射材料不同，可分为喷水井点和喷气井点两种。一般采用喷水井点，其设备主要由喷射井管、高压水泵和管路系统组成。

喷射井点的平面布置有单排布置（基坑宽度≤ 10 米）、双排布置（基坑宽度＞ 10 米）及环形布置（基坑面积较大时）三种，通常采用环形布置。每套喷射井点系统井管数不宜超过 30 根。

2. 深井井点

深井井点是在深基坑的周围埋设深入基底的井管，通过设置在井管内的潜水泵将地下水抽出，使地下水位低于坑底，属非真空抽水。该方法设备简单，降水深度可达 50 米。其适用于渗透系数较大（K=10~250 米 / 天）、降水深的砂类土层。

深井井点系统主要由井管和水泵组成。井管由滤水管、吸水管和沉砂管三部分组成，可用钢管、塑料管或混凝土管制成，管径一般为 300 毫米，内径宜大于潜水泵外径 50 毫米；水泵多采用深井泵或深水潜水泵，每个井点设置一台。

井管的埋设通常采用钻孔或水冲成孔，孔径应比井管直径大 300 毫米，成孔后立即安装井管。井管宜深入透水层 6~9 米，一般比设计降水深度深 6~8 米，间距相当于埋深，多为 15~30 米埋设一个深井井点。

3. 电渗井点

电渗井点是以井点管作为阴极，以埋设在井点管内侧的金属棒（钢筋或钢管）作为阳极，阳极入土深度一般比井点管深 500 毫米，露出地面 200~400 毫米。阴、阳极数量相等，分别用导线联成通路。当通以直流电后，地下水会出现从金属棒（阳极）向井点管（阴极）流动的电渗现象，从而达到软土地基排水的目的。

电渗井点适用于土的渗透系数小于 0.1 米 / 天的土层，用一般井点不可能降低地下水位的含水层，尤其适用于淤泥质土层排水。

第四节　土方工程机械化施工

土方工程的施工过程主要包括土方开挖、运输、填筑与压实等。在施工中，除了不适宜采用机械施工或小型的土方工程，应尽量采用机械化施工，以减轻劳动强度，加快施工进度，缩短工期。常用的土方施工机械有推土机、铲运机、单斗挖土机及装载机等。

一、常用土方施工机械的性能

（一）推土机

推土机是土方工程施工的主要机械之一，是在拖拉机上安装铲刀等工作装置而形成的机械，其行走方式有轮胎式和履带式两种。按照铲刀的操纵机构不同，可分为索式和液压式两种。液压式推土机切土较深，且能调整铲刀的升降和角度，目前较为常用。

1. 推土机的特点及适用范围

推土机能够独立完成推土、运土和卸土等工作，具有操纵灵活、运转方便、所需工作面较小、行驶速度快、易于转移、能爬30° 左右的缓坡以及配合铲运机、挖土机工作等特点。推土机能够推挖一至四类土，多用于场地清理与平整，开挖或堆筑 1.5 米以内的基坑、路基、堤坝等。推土机的经济运距宜在 100 米以内，效率最高的运距为 60 米。

2. 推土机的作业方法

推土机的生产率主要取决于每次推土体积和铲土、运土、卸土、回转等工作循环时间。为了提高生产率，可采用下坡推土、槽形推土、并列推土、多铲集运铲刀附加侧板等施工方法。

（1）下坡推土。推土机沿下坡方向切土与推土，借助机械本身的重力作用，增加推土能力和缩短推土时间。当坡度在 15° 以内时，一般可提高生产效率 30%~40%。

（2）槽形推土。推土机重复多次在一条作业线上切土和堆土，使地面逐渐形成一条浅槽，以减少土从铲刀两侧流散，一般可增加推土量 10%~30%。

（3）并列推土。平整场地的面积较大时，可用 2~3 台推土机并列作业。铲刀相距 15~30 厘米，平均运距宜控制在 20~50 米，一般可增加推土量 15%~30%。

（4）多铲集运。当土质较硬时，每次切土深度较小，推土量较少，可多次推土，分批集中，然后一次推送，缩短推运土时间。

（二）铲运机

铲运机由牵引机械和铲斗组成。按其行走方式可分为自行式铲运机和拖式铲运机两种，按铲斗的操纵系统可分为索式和液压式两种。

1. 铲运机的特点及适用范围

铲运机是一种能够独立完成铲土运土、卸土填筑和整平的土方机械。其具有操作灵活、行驶速度快、对道路要求低、生产率高等特点。适宜开挖含水量不超过 27% 的 I~IV 类土，对于硬土需松土后才能开挖。常用于坡度在 20° 以内的大面积平整场地、大型基坑的开挖，以及路基、堤坝的填筑等。自行式铲运机适宜运距在 3500 米以内，运距在 800~1500 米时效率最高；拖式铲运机适宜运距在 800 米以内，运距在 200~350 米时效率最高。

2. 铲运机的作业方法

在土方工程施工中，铲运机在选定铲斗容量后，应根据填方、挖方区的分布情况并结合实际施工条件合理选择开行路线和施工方法，以提高其生产率。

（1）铲运机的开行路线

铲运机的开行路线主要有环形路线和8字形路线两种。

环形路线。当地形起伏不大、施工地段较短时，多采用环形路线开行，每一循环完成一次铲土和卸土。当挖、填方距离较短时可采用大环形路线，一个循环能完成多次铲土和卸土，这样可减少铲运机的转弯次数，提高生产率。

8字形路线。当施工地段较长或地形起伏较大时，多采用8字形路线开行，每一循环完成两次铲土和卸土。这种开行路线铲运机在上下坡时斜向行驶，避免了机械行驶的单侧磨损，减少了转弯次数和空驶距离，提高了生产率。

（2）铲运机施工方法

为了提高铲运机的生产率，施工中常用下坡铲土、跨铲、助铲等施工方法。

下坡铲土法。铲运机利用地形下坡铲土，借助铲运机的重力加深铲斗切土深度，缩短铲土时间。

跨铲法。铲运机采用预留土埂，间隔铲土，可减少铲土时向外的撒土量，达到“铲土快，铲土满”的效果。一般土埂高度不大于300毫米，宽度不大于拖拉机两履带间的净距。

助铲法。在开挖较坚硬的土质时，可用推土机在铲运机后面顶推，协助铲土，缩短铲土时间。

（三）单斗挖土机

单斗挖土机在土方开挖中应用广泛，种类较多。按其行走装置不同分为履带式和轮胎式两类，按其工作装置不同分为正铲、反铲、拉铲和抓铲四种。

1. 正铲挖土机施工

（1）正铲挖土机的特点及适用范围

正铲挖土机的工作特点是“前进向上，强制切土”。其挖土能力大，生产效率高，适用于开挖停机面以上含水量不超过27%的一至四类土，与运输汽车配合可开挖大型干燥基坑及土丘等。

（2）正铲挖土机的作业方法

为提高正铲挖土机的工作效率，根据挖土机的开挖路线与运输汽车的相对位置不同可采用“正向开挖，侧向卸土”和“正向开挖，后方卸土”两种作业方法。

正向开挖，侧向卸土。即挖土机沿着前进方向挖土，运输工具停在侧面装土。采用这种方法，铲臂卸土时回转半径较小，运输机具行驶方便，生产效率高。

正向开挖，后方卸土。即挖土机沿着前进方向挖土，运输工具停在挖土机后方装土。采用这种方法，铲臂回转角度较大，生产效率低，一般仅用于开挖工作面狭窄且较深的基坑、管沟和路堑以及施工区域的进口处。

2. 反铲挖土机施工

（1）反铲挖土机的特点及适用范围

反铲挖土机的工作特点是“后退向下，强制切土”。其挖掘力比正铲挖土机小，适用于开挖停机面以下含水量较大的一至三类土，最大挖土深度可达 6 米。反铲挖土机可与运输汽车配合施工，也可弃土于坑槽附近。

（2）反铲挖土机的作业方法

反铲挖土机的作业方法有沟端开挖、沟侧开挖、沟角开挖和多层接力开挖等，一般多采用沟端开挖和沟侧开挖。

沟端开挖。即挖土机停在基坑的端部，后退挖土，向沟一侧弃土或装车运走。挖土宽度和深度较大，当基坑宽度超过 1.7 倍的最大挖土半径时，就要分次开挖或按之字形路线开挖。

沟侧开挖。即挖土机停在基坑的一侧，沿坑槽边移动挖土。沟侧开挖挖土宽度较小(一般为 0.8R)，边坡不易控制，机身稳定性较差，一般在无法使用沟端开挖或挖出的土不需要运走时采用。

3. 拉铲挖土机施工

拉铲挖土机的工作特点是：“后退向下，自重切土”。其挖土半径和挖土深度较大，但操纵性较差。它适用于开挖停机面以下的一至三类土，可用于开挖大型基坑及水下挖土等。其作业方法与反铲挖土机相似，可采用沟端开挖或沟侧开挖。

4. 抓铲挖土机施工

抓铲挖土机的工作特点是：“直上直下，自重切土”。其挖土能力较小，操纵性较差。它适用于开挖停机面以下的一二类土，常用于开挖土质松软、作业面较窄的深基坑、沟槽、沉井等，特别适宜于水下开挖。

二、土方施工机械的选择

土方施工机械的选择主要是确定机械的类型、型号和数量。

土方施工机械的类型应根据基坑深度、工程量大小、土层性质、地下水情况及土方施工机械的性能确定。其型号一般根据施工现场条件、设备供应情况和工期要求等确定。在实际工程中选择土方机械时，应当进行技术经济比较，选择效率高、费用低的土方机械或机械组合进行施工。

1. 场地平整

挖填高度不大、含水量较小的大面积平整场地，一般选用铲运机作业；运距在 100 米以内时采用推土机作业；挖方高度较大、运距在 1000 米时，可选用正铲挖土机与自卸汽车配合作业。

2. 基坑（槽）开挖

（1）深度 2 米以内、长度不大时，宜采用推土机或装载机作业。

（2）深度 2 米以内、长度较大时，宜采用铲运机或加助铲作业。

（3）面积大且深度较大的土方开挖，土层含水量较大时，宜选用反铲挖土机与自卸汽车配合作业；土层含水量不大且土质较好时，可选用正铲挖土机或反铲挖土机与自卸汽车配合作业。

（4）水下挖土宜选用拉铲挖土机或抓铲挖土机。

三、土方的填筑与压实

在建筑工程中，很多情况下需要进行土方填筑与压实，如地基土压实、基础回填、室内回填、室外散水坡道、台阶等。为保证填方工程的强度和稳定性要求，必须正确选择填土的土料和填筑、压实方法。

（一）土料的选择

1. 碎石类土、砂土和爆破石渣（粒径≤每层铺土厚度的 2/3），可做表层下的填料。

2. 含水量符合压实要求的黏性土，可做各层填料。

3. 淤泥和淤泥质土，一般不能用做填料，但在软土地区，经过处理含水量符合要求的，可用于填方中的次要部分。

4. 对于有机物含量大于 8% 或水溶性硫酸盐含量大于 5% 的土以及耕植土、冻土、杂填土等均不能用做填土使用。

（二）填土与压实的方法

土方填筑前，应对基底进行处理。清除基底上的垃圾、草皮、树根等杂物，排除坑穴中的积水、淤泥等。若填方基底为耕植土或松土，应将基底压实后进行填土。

1. 填土方法

（1）填土应尽量采用同类土填筑，并严格控制土的含水量在最优含水量范围内。

（2）填土应从场地最低处开始分层填筑，每层铺土厚度应根据压实机具及土的种类而定。当采用不同类土填筑时，应将透水性较大的土层置于透水性较小的土层之下，以避免在填方区形成水囊。

（3）坡地填上，应做好接槎，挖成 1 ∶ 2 阶梯形（一般阶高 0.5 米、阶宽 1.0 米）分层填筑，分段填筑时每层接缝处应做成大于 1 ∶ 1.5 的斜坡，以防填土横移。

2. 压实方法

填土的压实方法一般有碾压法、夯实法和振动压实法，也可利用运输工具压实。

（1）碾压法

碾压法，即利用沉重的滚轮压力使填土压实，适用于大面积填土压实工程。碾压机械有平碾（光碾压路机）、羊足碾和气胎碾。

平碾。平碾对砂土和黏性土均可压实，适用于薄层填土或表面压实、平整场地、修筑堤坝及道路工程等。

羊足碾。羊足碾单位面积压力较大，对土层的压实效果好，主要用于黏性土的压实。

气胎碾。气胎碾对土层碾压较均匀，压实质量较好。

碾压机械压实填方时，行驶速度不宜过快，一般平碾控制在 2 千米 / 时以内，羊足碾控制在 3 千米 / 时以内，否则会影响压实效果。

（2）夯实法

夯实法，即利用夯锤的冲击力使填土压实，适用于黏性较低的填土，多用于小面积填土工程。工程可采用人工夯实和机械夯实，机械夯实常用蛙式打夯机、柴油打夯机、电动立夯机及夯锤等。

（3）振动压实法

振动压实法，即利用振动碾或平板振动器使填土压实，主要用于非黏性土压实。近年来，又将碾压与振动结合而设计和制造出振动平碾、振动凸块碾等新型压实机械，振动平碾适用于填料为爆破碎石渣、碎石类土、杂填土或粉土的大型填方，振动凸块碾则适用于粉质黏土或黏土的大型填方。

（三）影响填土与压实的因素

影响填土与压实质量的因素有很多，主要有土的压实功、含水量及铺土厚度。

1. 压实功的影响

填土与压实后的密度和压实机械在其上所施加的功有一定关系。当土的含水量一定，开始压实时，土的密度急剧增加，待达到土的最大密度时，压实功虽然增加许多而土的密度则变化甚小。实际施工中，对于砂土只需碾压或夯实 2~3 遍，对亚砂土只需碾压或夯实 3~4 遍，对亚黏土或黏土只需碾压或夯实 5~6 遍。

2. 含水量的影响

在同一压实功的作用下，填土的含水量对压实质量有直接影响。土的含水量过小，土粒间摩阻力较大，不易压实；土的含水量过大，土粒间的孔隙被水填充而呈饱和状态，易成橡皮土，难以压实。只有当具有适当的含水量时，土粒间的摩阻力由于水的润滑作用而减小，从而易于压实。土的最优含水量，即在压实功相同的条件下，能够使土获得最大干密度的含水量。各种土的最大干密度 Pmax 是当土处于最优含水量 wp 时，通过击实试验取得的。

在实际工程中，为了保证填土处于最优含水量状态，当土过湿时，应予以翻松晾干，也可掺入同类干土或石灰等吸水材料；当土过干时，应预先洒水润湿。

3. 铺土厚度的影响

在填土与压实过程中，压实机具对土的压实应力随土层的深度增加而逐渐减小。其影响深度与压实机械、土的性质及含水量等有关。因此，铺土厚度应小于压实机械的有效作用深度，且应考虑最优铺土厚度。最优铺土厚度可使填土在获得规定密实度的情况下，压实机械所需的压实遍数最少，从而使压实功最低。填土压实后应达到一定的密实度要求，通常以压实系数 λ 作为质量控制指标，即土的控制干密度 ρ_d 与最大干密度 ρ_{dmax} 的比值（$\lambda_c=\rho_d/\rho_{dmax}$）。土的压实系数一般根据工程结构性质、使用要求以及土的性质决定。

四、土方工程施工质量验收与安全技术

（一）施工质量验收

1. 土方开挖前应检查定位放线、排水和降水系统，合理安排土方运输路线及弃土场地。

2. 土方开挖过程中应检查平面位置、水平标高、边坡坡度、压实度、排水及降水系统，并随时观测周围的环境变化。

3. 土方回填前应清除基底杂物和积水，验收基底标高。松土上填方应压实后进行。填方的基底处理，必须符合设计要求和施工规范规定。

4. 填方土料必须符合设计要求和施工规范规定。回填时必须按规定分层夯压密实。取样测定压实后的干密度应 90% 以上符合设计要求，其余 10% 的最低值与设计值的差不应大于 0.08 克 / 立方厘米，且不应集中。

土的实际干密度可用环刀法或灌砂（水）法测定。其取样组数为：基坑回填每 20~50 立方米取样一组（每坑不少于一组），基槽或管沟回填每层按长度 20~50 米取样一组，室内填土每层按 100~150 平方米取样一组，场地平整填方每层按 400~900 平方米取样一组。取样部位应在每层压实后的下半部。

5. 填土施工过程中应检查排水措施，并控制每层铺土厚度、含水量和压实程度。

6. 平整场地的表面坡度应符合设计要求，如设计无要求，排水沟方向的坡度不应小于 2‰。平整后的场地表面应逐点检查，检查点为每 100~400 平方米取 1 点，但不应少于 10 点；长度、宽度和边坡均为每 20 米取 1 点，每边不应少于 1 点。

（二）施工安全技术

1. 基坑（槽）开挖时，两人操作间距应大于 2.5 米。多台机械开挖，挖土机间距应大于 10 米。在挖土机械范围内，不许进行其他作业。挖土应由上而下逐层进行，严禁先挖坡脚或逆坡挖土。

2. 基坑（槽）开挖应严格按要求放坡。施工中应随时注意土壁的变动情况，如发现有裂缝或部分坍塌现象，应及时进行加固处理。

3. 在有支撑的基坑中使用机械挖土时，应防止碰坏支撑。在基坑（槽）边使用机械挖土时，应计算支撑强度，必要时应加强支撑。

4. 上下坑（槽）应先挖好阶梯或设置靠梯，并采取防滑措施，禁止踩踏支撑上下。

5. 坑槽四周应设置防护栏杆，跨过沟槽的通道应搭设渡桥，夜间应有照明设施。

6. 基坑和沟槽回填时，下方不得有人，所使用的电动机械（如打夯机等）要检查电器

线路，并严格按照操作规程施工，防止漏电、触电。

7. 拆除护壁支撑时，应按照回填顺序，从下而上逐步拆除；更换支撑时，必须先安装新的，再拆除旧的。

第五章 绿色建筑施工中的钢筋混凝土工程

混凝土本具有较强的可塑性，可以与钢筋牢固地结合在一起，并且其强度较高，因此其在绿色建筑工程中得到了广泛应用，并且成为建筑工程的一个重要构成部分。混凝土对工程的重要不言而喻，因此要做好其施工技术的分析，确保施工质量能够达到要求标准。本章将对绿色建筑工程混凝土施工技术的主要内容进行探讨，以供大家参考。

第一节 模板工程

模板工程的施工工艺包括模板的选材、选型、设计、制作、安装、拆除和周转等过程。模板工程是钢筋混凝土结构工程施工的重要组成部分，特别是在现浇钢筋混凝土结构工程施工中占有突出的地位，将直接影响到施工方法和施工机械的选择，对施工工期和工程造价也有一定的影响。

模板的材料宜选用钢材、胶合板、塑料等；模板支架的材料宜选用钢材等。当采用木材时，其树种可根据各地区实际情况选用，材质不宜低于Ⅱ等材。

一、模板的作用、要求和种类

模板系统包括模板、支架和紧固件三个部分。模板又称模型板，是新浇混凝土成型用的模型。

模板及其支架的要求：能保护工程结构和构件各部分形状尺寸及相互位置的正确；具有足够的承载能力、刚度和稳定性，能可靠地承受新浇混凝土的自重、侧压力及施工荷载；模板构造宜求简单，装拆方便，便于钢筋的绑扎、安装、混凝土浇筑及养护等要求；模板的接缝不应漏浆。

1. 模板及其支架的分类

按其所用的材料不同，分为木模板、钢模板、钢木模板、钢竹模板、胶合板模板、塑料模板、铝合金模板等。

按其结构的类型不同，分为基础模板、柱模板、楼板模板、墙模板、壳模板和烟囱模板等。

按其形式不同，分为整体式模板、定型模板、工具式模板、滑升模板、胎模板等。

（1）木模板

木模板的特点是加工方便，能适应各种变化形状模板的需要，但周转率低，耗木材多。如节约木材，减少现场工作，木模板一般预先加工成拼板，然后在现场进行拼装。拼板由板条拼钉而成，板条厚度一般为25~30毫米，其宽度不宜超过700毫米（工具式模板不超过150毫米），拼条间距一般为400~500毫米，视混凝土的侧压力和板条厚度而定。

（2）基础模板

基础模板的特点是高度不大而体积较大，基础模板一般利用地基或基槽（坑）进行支撑。

安装时，要保证上下模板不发生相对位移，如为杯形基础，则还要在其中放入杯口模板。

（3）柱子模板

柱子的特点是断面尺寸不大但比较高。柱子模板由内拼板夹在两块外拼板之内组成，为利用短料，可利用短横板（门子板）代替外拼板钉在内拼板上。为承受混凝土的侧应力，拼板外沿设柱箍，其间距与混凝土侧压力、拼板厚度有关，为500~700毫米。柱模底部有钉在底部混凝土上的木框，用以固定柱模的位置。柱模顶部有与梁模连接的缺口，背部有清理孔，沿高度每2米设浇筑孔，以便浇筑混凝土。对于独立柱模，其四周应加支撑，以免混凝土浇筑时产生倾斜。

安装过程及要求：梁模板安装时，沿梁模板下方地面上铺垫板，在柱模板缺口处钉衬口档，把底板搁置在衬口档上；接着，立起靠近柱或墙的顶撑，再将梁长度等分，立中间部分顶撑，顶撑底下打入木楔，并检查调整标高；然后，把侧模板放上，两头钉于衬口档上，在侧板底外侧铺钉夹木，再钉上斜撑和水平拉条。有主次梁模板时，要待主梁模板安装并校正后才能进行次梁模板安装。梁模板安装后再拉中线检查、复核各梁模板中心线位置是否正确。

（4）梁、楼板模板

梁的特点是跨度大而宽度不大，梁底一般是架空的。楼板的特点是面积大而厚度比较薄，侧向压力小。

梁模板由底模和侧模、夹木及支架系统组成。底模承受垂直荷载，一般较厚。底模用长条模板加拼条拼成，或用整块板条。底模下有支柱（顶撑）或桁架承托。为减少梁的变形，支柱的压缩变形或弹性挠度不超过结构跨度的1/1000。支柱底部应支承在坚实的地面或楼面上，以防下沉。为便于调整高度，宜用伸缩式顶撑或在支柱底部垫以木楔。在多层建筑施工中，安装上层楼的楼板时，其下层楼板应达到足够的强度，或设有足够的支柱。梁跨度等于及大于4米时，底模应起拱，起拱高度一般为梁跨度的1/1000~3/1 000。梁侧模板承受混凝土侧压力，为防止侧向变形，底部用夹紧条夹住，顶部可由支撑楼板模板的木阁栅顶住，或用斜撑支牢。

（5）楼梯模板

楼梯模板的构造与楼板相似，不同点是楼梯模板要倾斜支设，且要能形成踏步。踏步模板分为底板及梯步两部分。平台、平台梁的模板同前。

楼板模板多用定型模板，它支承在木阁栅上，木阁栅支承在梁侧模板外的横档上。

（6）定型组合钢模板

定型组合钢模板是一种工具式定型模板，由钢模板和配件组成，配件包括连接件和支承件。

钢模板通过各种连接件和支承件可组合成多种尺寸、结构和几何形状的模板，以适应各种类型建筑物的梁、柱、板、墙、基础和设备等施工的需要，也可用其拼装成大模板、滑模、隧道模和台模等。

施工时可在现场直接组装，亦可预拼装成大块模板或构件模板用起重机吊运安装。定型组合钢模板组装灵活，通用性强，拆装方便；每套钢模可重复使用50~100次；加工精度高，浇筑混凝土的质量好，成型后的混凝土尺寸准确，棱角整齐，表面光滑，可以节省装修用工。

1）钢模板

钢模板包括平面模板、阴角模板、阳角模板和连接角模板。

钢模板采用模数制设计，宽度模数以50毫米进级，长度为150毫米进级，可以适应横竖拼装成以50毫米进级的任何尺寸的模板。

2）平面模板

平面模板用于基础、墙体、梁、板、柱等各种结构的平面部位，它由面板和肋组成，肋上设有U形卡孔和插销孔，利用U形卡和L形插销等拼装成大块板，规格分类长度有1 500毫米、1200毫米、900毫米、750毫米、600毫米、450毫米六种，宽度有300毫米、250毫米、150毫米、100毫米几种，高度为55毫米可互换组合拼装成以50毫米为模数的各种尺寸。

3）阴角模板

阴角模板用于混凝土构件阴角，如内墙角、水池内角及梁板交接处阴角等，宽度阴角膜有150毫米 ×150毫米、100毫米 ×150毫米两种。

4）阳角模板

阳角模板主要用于混凝土构件阳角，宽度阳角膜有100毫米 ×100毫米、50毫米 ×50毫米两种。

5）连接角模

链接角模用于平模板作垂直连接构成阳角，宽度连接角膜有50毫米 ×50毫米一种。

2. 连接件

定型组合钢模板的连接件包括U形卡、L形插销、钩头螺栓、紧固螺栓、对拉螺栓和扣件等。

（1)U形卡：U形卡是模板的主要连接件，用于相邻模板的拼装。

（2)L形插销：L形插销用于插入两块模板纵向连接处的插销孔内，以增强模板纵向接头处的刚度。

（3）钩头螺栓：钩头螺栓是连接模板与支撑系统的连接件。

（4）紧固螺栓：紧固螺栓用于内、外钢楞之间的连接件。

（5）对拉螺栓：对拉螺栓又称穿墙螺栓，用于连接墙壁两侧模板，保持墙壁厚度，承受混凝土侧压力及水平荷载，使模板不致变形。

（6）扣件：扣件用于钢楞之间或钢楞与模板之间的扣紧，按钢楞的不同形状，分别采用蝶形扣件和“3”形扣件。

3. 支承件

定型组合钢模板的支承件包括钢楞、柱箍、钢支架、斜撑及梁卡具等。

（1）钢楞

钢楞即模板的横档和竖档，分内钢楞与外钢楞。

内钢楞配置方向一般应与钢模板垂直，直接承受钢模板传来的荷载，其间距一般为700~900 毫米。

钢楞一般用圆钢管、矩形钢管、槽钢或内卷边槽钢，而以钢管用得较多。

（2）柱箍

柱模板四角设角钢柱箍。角钢柱箍由两根互相焊成直角的角钢组成，用弯角螺栓及螺母拉紧。

（3）钢支架

常用钢管支架，它由内外两节钢管制成，其高低调节距模数为 100 毫米；支架底部除垫板外，均用木楔调整标高，以利于拆卸。

另一种钢管支架本身装有调节螺杆，能调节一个孔距的高度，使用方便，但成本略高。

当荷载较大、单根支架承载力不足时，可用组合钢支架或钢管井架。还可用扣件式钢管脚手架、门形脚手架作支架。

（4）斜撑

由组合钢模板拼成的整片墙模或柱模，在吊装就位后，应由斜撑调整和固定其垂直位置。

（5）梁卡具

又称梁托架，用于固定矩形梁、圈梁等模板的侧模板，可节约斜撑等材料，也可用于侧模板上口的卡固定位。

二、模板的安装与拆除

1. 模板的安装

模板及其支架在安装过程中，必须设置防倾覆的临时固定设施。对现浇多层房屋和构筑物，应采取分层分段支模的方法。对现浇结构模板安装的允许偏差应符合表 5-1 的规定；对预制构件模板安装的允许偏差应符合表 5-2 的规定。固定在模板上的预埋件和预留孔洞均不得遗漏，安装必须牢固，位置准确，其允许偏差应符合表 5-3 的规定。

表 5-1　现浇结构模板安装的允许偏差（毫米）

项目		允许偏差
轴线位置		5
底模上表面标高		± 5
截面内部尺寸	基础	± 10
	柱、墙、梁	+4 -5
构件高度	全高	6
	全高	8
相邻两板表面高低差		2
表面平整（2 米长度上）		5

注：L 为构件长度（毫米）。

2. 模板的拆除

模板拆除取决于混凝土的强度、模板的用途、结构的性质、混凝土硬化时的温度及养护条件等。及时拆模可以提高模板的周转率；拆模过早会因混凝土的强度不足，在自重或外力作用下的情况下而产生变形甚至裂缝，造成质量事故。因此，合理地拆除模板对提高施工的技术经济效果至关重要。

对于现浇混凝土结构工程施工时，模板和支架拆除应符合下列规定：

第一，侧模，在混凝土强度能保护其表面及棱角不因拆除模板而受损坏后，方可拆除。

第二，底模，混凝土强度符合表 5-4 的规定，方可拆除。

表 5-2 预埋件和预留孔洞的允许偏差（毫米）

项目		允许偏差
长度	板、梁	± 5
	薄腹梁、桁架	± 10
	柱	0 -10
	墙板	0 -5
宽度	板、墙板	0 -5
	梁、薄腹梁、桁架、柱	+2 -5

续　表

项目		允许偏差
高度	板	+2 -3
	墙板	0 -5
	梁、薄腹梁、桁架、柱	+2 -5
板的对角线差		7
拼板表面高低差		1
板的表面平整（2 厘米长度上）		3
墙板的对角线差		5
侧向弯曲	梁、柱、板	*L*/1000 且≤ 15
	墙板、薄腹板、桁架	*L*/1500 且≤ 15

注：L 为构件长度（毫米）。

表 5–3　预埋件和预留孔洞的允许偏差（毫米）

项目		允许偏差
预埋钢板中心线位置		3
预埋管、预留孔中心线位置		3
预埋螺栓	中心线位置	2
	外露长度	+10 0
预留洞	中心线位置	+10
	截面内部尺寸	+10 0

表 5–4　现浇结构拆模时所需混凝土强度

结构类型	结构跨度 / 米	按设计的混凝土强度标准值的百分率计 /%
板	≤ 2	50
	＞ 2，≤ 8	75
	＞ 8	100
梁、拱、壳	≤ 8	75
	＞ 8	100
悬臂构件	≤ 2	75
	＞ 2	100

注：“设计的混凝土强度标准值”是指与设计混凝土等级相应的混凝土立方抗压强度

标准值。

预制构件模板拆除时的混凝土强度，应符合设计要求；当设计无具体要求时，应符合下列规定：

第一，侧模，在混凝土强度能保证构件不变形、棱角完整时，才允许拆除侧模。

第二，芯模或预留孔洞的内模，在混凝土强度能保证构件和孔洞表面不发生坍陷和裂缝后，方可拆除。

第三，底模，当构件跨度不大于 4 米时，在混凝土强度符合设计的混凝土强度标准值的 50% 的要求后，方可拆除；当构件跨度大于 4 米时，在混凝土强度符合设计的混凝土强度标准值的 75% 的要求后，方可拆模。

已拆除模板及其支架后的结构，只有当混凝土强度符合设计混凝土强度等级的要求时，才允许承受全部荷载；当施工荷载产生的效应比使用荷载的效应更为不利时，对结构必须经过核算，能保证其安全可靠性或经加设临时支撑加固处理后，才允许继续施工。拆除后的模板应进行清理、涂刷隔离剂，分类堆放，以便使用。

一般是先支后拆，后支先拆，先拆除侧模板，后拆除底模板。对于肋形楼板的拆模顺序，首先拆除柱模板，然后拆除楼板底模板、梁侧模板，最后拆除梁底模板。

多层楼板模板支架的拆除，应按下列要求进行：

上层楼板正在浇筑混凝土时，下一层楼板的模板支架不得拆除，再下一层楼板模板的支架仅可拆除一部分。

跨度≥ 4 米的梁均应保留支架，其间距不得大于 3 米。

1. 模板拆除时，不应对楼层形成冲击荷载。

2. 拆除的模板和支架宜分散堆放并及时清运。

3. 拆模时，应尽量避免混凝土表面或模板受到损坏。

4. 拆下的模板，应及时加以清理、修理，按尺寸和种类分别堆放，以便下次使用。

5. 若定型组合钢模板背面油漆脱落，应补刷防锈漆。

6. 已拆除模板及支架的结构，应在混凝土达到设计的混凝土强度标准后，才允许承受全部使用荷载。

7. 当承受施工荷载产生的效应比使用荷载更为不利时，必须经过核算，并加设临时支撑。

某钢筋混凝土现浇基础，拆模后发现：

1. 基础中轴线错位。

2. 基础平面尺寸、台阶形基宽和高的尺寸偏差过大。

3. 带形基础上口宽度不准，基础顶面的边线不直；下口陷入混凝土内，拆模板上段混凝土有缺损，侧面有蜂窝、麻面；底部支模不牢。

4. 杯形基础的杯口模板位移；芯模不易拆除。

产生这些现象的原因是什么？如何预防？

原因分析：

（1）测量放线错误。安装模板时，挂线或拉线不准，造成垂直度偏差大，或模板上口不在一条直线上。

（2）模板上口仅用铁丝拉紧，且松紧不一致，上口不钉不带或不加顶撑，浇混凝土时的侧压力使模板下口向外推移（上口内倾），造成上口宽度大小不一。

（3）模板未撑牢；基础上部浇筑的混凝土从模板下口挤出后，未及时清除，均可造成侧模下部陷入混凝土内。

（4）模板支撑直接撑在基坑土面上，土体松动变形，导致模板尺寸形状偏差。

（5）杯形基础上段模板支撑方法不当，杯芯模底部密闭，浇筑混凝土时，杯芯模上浮。

（6）模板两侧的混凝土不同时浇筑，造成模板侧压力差太大而发生偏移。

（7）浇筑混凝土时，操作脚手板搁置在基础上部模板上，造成模板下沉。

防治措施：

（1）在确认测量放线标记和数据正确无误后，方可以此为据，安装模板。模板安装中，要准确地挂线和拉线，以保证模板垂直度和上口垂直。

（2）模板及支撑应有足够的强度和刚度，支撑的支点应坚实可靠。

（3）上段模板应支承在预先横插圆钢或预制混凝土垫块上，也可用临时木支撑将上部侧支撑牢靠，并保持杯高、杯口尺寸准确。

（4）发现混凝土用上段模板下翻上来时，应及时铲除、抹平，防止模板下口被卡住。

（5）模板支撑支承在土上时，下面应垫木板，以扩大支承面。模板长向接头处应加拼条，使板面平整，连接牢固。

（6）杯基芯模板应刨光直拼，表面涂隔离剂，底部钻几个小孔，以利排气（水）。

（7）浇筑混凝土时，两侧或四周应均匀下料并振捣，脚手板不得搁在下模板上。

钢筋混凝土梁、屋架之类的构件的模板在施工过程中受到多种荷载，如模板和支架的自重、新浇混凝土的自重、钢筋及埋件的自重、施工人员及施工设备的自重、振捣混凝土的振动荷载、倾倒混凝土的冲击力等。在这些荷载的作用下模板将产生变形，这就要求模板和支架（指模板的支撑系统）必须具有足够的刚度。钢筋混凝土梁或屋架皆属于结构表面外露构件，跨中模板及支架要求最大变形不大于其跨度的1/400。有些结构表面隐蔽的模板，跨中变形值不大于其跨度的1/250，为减少或避免模板变形值，一般常将模板（底模）向上预先提起一段距离，称为“起拱”。

钢筋混凝土梁、屋架起拱的另一个原因是混凝土的“徐变”。即混凝土拆模之后，在其自重及其他外荷载的作用下，随着时间的延续混凝土本身将产生压缩变形，这就是混凝土的“徐变”使梁或屋架产生微弱下垂，为此对模板“起拱”以弥补将会产生的下垂量。

第二节　钢筋工程

一、钢筋的种类与验收及储存

（一）钢筋的种类

钢筋混凝土结构中的钢筋，按生产工艺不同可分为热轧钢筋、冷轧带肋钢筋，冷拉钢筋、冷拔钢丝、热处理钢筋、精轧螺纹钢筋、碳素钢丝、刻痕钢丝及钢绞线。按化学成分不同可分为碳素钢筋和普通低合金钢筋。按钢筋直径大小可分为钢丝（直径 3~5 毫米）、细钢筋（直径 6~10 毫米）、中粗钢筋（直径 12~18 毫米）和粗钢筋（直径＞ 18 毫米）。钢筋混凝土中所用的国产热轧钢筋按屈服点分为四个强度等级，分别为 HPB235、HRB335、HRB400、RRB400。普通钢筋混凝土结构以热轧带肋 HRB400 级钢筋为主导钢筋，预应力混凝土结构以高强低松弛钢丝和钢绞线为主导钢筋。各种冷加工钢筋（冷拉、冷拔、冷轧、冷扭）不再列入规范而交由行业规程管理。

（二）钢筋的验收及储存

1. 钢筋的验收

（1）钢筋应有出厂质量证明书或试验报告单。每捆（盘）钢筋均应有标牌。钢筋进场应按罐（批）号及直径分批验收，每批不超过 60 吨。

（2）钢筋的外观检查包括：钢筋应平直、无损伤，钢筋表面不得有裂缝、结疤和折叠。钢筋表面凸块不允许超过螺纹的高度，钢筋的外形尺寸应符合有关规定。

（3）力学性能检验：从每批钢筋任意抽出两根，每根钢筋取两个试样分别进行拉力试验（测定其屈服点、抗拉强度，伸长率）和冷弯试验。如果有一项试验结果不符合规定，则从同一批中另取双倍数量的试件重做各项试验，若仍有一项指标不合格，则该批钢筋不合格。

2. 钢筋的储存

（1）钢筋在运输和储存时，不得损坏标志。在施工现场必须按批分等级、牌号、直径、长度，分别挂牌堆放整齐，并注明数量不得混淆。

（2）钢筋应尽量堆放在仓库或料棚内；在条件不具备时，应选择地势较高、较平坦坚实的露天场地堆放。在场地或仓库周围应设排水沟，以防积水。堆放时，钢筋下面应加垫木，离地不宜少于 200 毫米，也可用钢筋堆放架堆放，以防钢筋锈蚀和污染。

（3）加工的钢筋成品分工程名称和构件名称，按编号顺序堆放，同一工程与同一构件的钢筋放在一起，按编号挂牌排列，牌上应注明构件名称、部位，钢筋形式、尺寸、钢号、直径、根数，不得将几项工程的钢筋混放在一起。

二、钢筋的冷加工

（一）钢筋冷拉

钢筋冷拉是在常温下对钢筋进行强力拉伸，拉应力超过屈服点的某一限值，使钢筋产生塑性变形，以提高强度、节约钢材。

冷拉适用于 HPB235-RRB400 级钢筋。冷拉 HPB235 级钢筋用于非预应力钢筋混凝土的受拉钢筋，冷拉 HRB35-RRB400 级钢筋通常用于预应力钢筋，冷拉钢筋一般不用作受压钢筋。

1. 冷拉控制

钢筋冷拉控制方法有控制冷拉应力和控制冷拉率两种方法。

（1）控制冷拉应力冷拉钢筋

其控制冷拉应力及最大冷拉率应符合规定。冷拉时以规定的控制应力对钢筋进行冷拉，冷拉后检查钢筋的冷拉率，若超过表中规定的数值，则应进行钢筋力学性能检验。用作预应力混凝土结构的预应力钢筋，宜采用冷拉应力来控制。

（2）控制冷拉率冷拉钢筋

冷拉率控制值必须由试验确定。对同炉批钢筋，试件不宜少于 4 个，每个试件都按规定的冷拉应力值在万能试验机上测定相应的冷拉率，取平均值作为该炉批钢筋的实际冷拉率。当钢筋强度偏高，平均冷拉率低于 1% 时，仍按 1% 进行冷拉。不同炉批的钢筋，不宜用控制冷拉率的方法进行钢筋冷拉。

多根连接的钢筋，采用控制冷拉应力的方法进行冷拉时，其控制应力和每根的冷拉率均应符合规定；当采用控制冷拉率的方法进行冷拉时，冷拉率可按总长计，但冷拉后每根钢筋的冷拉率不得超过规定。

当预应力钢筋需几段对焊而成时，冷拉应在焊接后进行，以免因焊接而降低冷拉所获得的强度。

2. 冷拉设备

冷拉设备由拉力设备、承力结构、回程装置、测量设备和钢筋夹具等部分组成。拉力设备为卷扬机和滑轮组，多用慢速卷扬机；承力结构可采用地锚，冷拉力大时可采用钢筋混凝土拉槽；回程装置可用荷重架回程或卷扬机滑轮组回程；测量设备常用液压千斤顶或电子秤。

（二）钢筋冷拔

钢筋冷拔是将直径 8 毫米以下的热轧钢筋在常温下强力拉拔使其通过特制的钨合金拔丝模，钢筋轴向被拉伸，径向被压缩，使钢筋产生较大的塑性变形，其抗拉强度可提高 50%~90%，塑性降低，硬度提高。

钢筋的冷拔主要用来生产冷拔低碳钢丝。冷拔低碳钢丝分甲、乙两级，甲级钢丝主要用作预应力钢筋，乙级钢丝用作钢丝网、箍筋和构造筋等。

三、钢筋的连接

钢筋的连接方式有绑扎、焊接和机械连接。设置钢筋连接的原则是：同一根钢筋上宜少设接头，钢筋接头宜设置在受力较小处，同一构件中的纵向受力钢筋接头宜相互错开。

（一）基本规定

1. 接头使用规定

（1）直径大于 12 毫米以上的钢筋，应优先采用焊接接头或机械连接接头。

（2）当受拉钢筋的直径大于 28 毫米及受压钢筋的直径大于 32 毫米时，不宜采用绑扎搭接接头。

（3）轴心受拉及小，偏心受拉杆件（如桁架和拱的拉杆）的纵向受力钢筋不得采用绑扎搭接接头。

（4）直接承受动力荷载的结构构件中，其纵向受拉钢筋不得采用绑扎搭接接头。

2. 接头面积允许百分率

（1）钢筋绑扎搭接接头连接区段的长度为 1.31（4 为搭接长度），凡搭接接头中点位于该连接区段长度内的搭接接头均属于同一连接区段。同一连接区段内，纵向受力钢筋搭接接头面积百分率应符合设计要求。当设计无具体要求时，应符合下列规定：

纵向受拉钢筋搭接接头面积百分率：对梁、板类及墙类构件不宜大于 25%；对柱类构件，不宜大于 50%。当工程中确有必要增大接头面积百分率时，对梁类构件不应大于 50%；对其他构件，可根据实际情况放宽。

纵向受压钢筋搭接接头面积百分率不宜大于 50%。

（2）钢筋机械连接与焊接接头连接区段的长度为 35d（d 为纵向受力钢筋的较大直径），且不小于 500 毫米。同一连接区段内，纵向受力钢筋的接头面积百分率应符合设计要求。当设计无具体要求时，应符合下列规定：

受拉区不宜大于 50%，受压区不受限制。

接头不宜设置在有抗震设防要求的框架梁端、柱端的箍筋加密区，当无法避开时，对等强度高质量机械连接接头不应大于 50%。

直接承受动力荷载的结构构件中，不宜采用焊接接头；当采用机械连接接头时，不应大于 50%。

3. 绑扎接头搭接长度

（1）纵向受拉钢筋绑扎搭接接头的搭接长度 $l=\zeta La$（La 为纵向受拉钢筋的锚固长度；ζ 为纵向受拉钢筋搭接长度的修正系数）。

（2）构件中的纵向受压钢筋搭接长度不应小于纵向受拉钢筋搭接长度的 0.7 倍，且在任何情况下不应小于 200 毫米。

（3）在梁、柱类构件的纵向受力钢筋搭接长度范围内，应按设计要求配置箍筋。当设计无具体要求时，应符合下列规定：

箍筋直径不应小于搭接钢筋较大直径的 0.25 倍。

受拉搭接区段的箍筋间距不应大于搭接钢筋较小直径的 5 倍，且不应大于 100 毫米。

受压搭接区段箍筋的间距不应大于搭接钢筋较小直径的 10 倍，且不应大于 200 毫米。

柱中纵向受力钢筋直径大于 25 毫米时，应在搭接接头两个端面外 100 毫米范围内各设置两个箍筋，其间距宜为 50 毫米。

（二）钢筋机械连接

钢筋机械连接是通过钢筋与连接件的机械咬合作用或钢筋端面的承压作用，将一根钢筋中的力传递至另一根钢筋的连接方法。其具有操作简便、接头质量可靠、无污染、无火灾隐患、施工安全、节约钢材、节约能源等优点，近年来已得到广泛应用。

钢筋机械连接主要有套筒挤压连接和螺纹套筒连接。钢筋机械连接接头，根据静力单向拉伸性能及高应力和大变形条件下反复拉、压性能的差异，可分为 A、B、C 三个性能等级。

1. 套筒挤压连接

套筒挤压连接是将两根需连接的带肋钢筋端头插入特制的钢套筒内，利用挤压设备进行径向或轴向挤压，使钢套筒产生塑性变形并与带肋钢筋的纵横肋紧密咬合形成连接接头。其适用于直径为 16~40 毫米的 HRB335、HRB400 级带肋钢筋的连接。这里主要介绍套筒径向挤压连接。

（1）工艺流程

工艺流程为：钢套筒与钢筋挤压部位检查、清理、矫正—检查钢筋端头压接标志—插入钢套筒挤压（每侧挤压从接头中间压痕标志开始依次向端部进行）—质量检验。

（2）施工要求

清除钢筋压接部位的铁锈、油污等杂物；钢套筒的材料宜选用强度适中、延性好的优质钢材；检查挤压设备是否正常，并试压，符合要求后方可作业。

钢筋端部应画出定位标记与检查标记。定位标记与钢筋端头的距离为钢套筒长度的一半，检查标记与定位标记的距离一般为 20 毫米。

钢筋挤压连接宜先在地面上挤压一端套筒，在施工作业区插入待接钢筋后再挤压另一端套筒。

压接钳就位时，应对正钢套筒压痕位置进行标记，并使压模运动方向与钢筋两纵肋所在的平面相垂直，即保证最大压接面能在钢筋的横肋上。

压接钳施压顺序由钢套筒中部向端部进行；施压时，主要控制压痕深度。

（3）质量检查

钢套筒进场，必须有原材料试验单与套筒出厂合格证，并由该技术提供单位提交有效的型式检验报告。

钢筋套筒挤压连接开始前及施工过程中，应对每批进场钢筋进行挤压连接工艺检验。

2. 螺纹套筒连接

螺纹套筒连接有锥螺纹套筒连接和直螺纹套筒连接两种方式。

锥螺纹套筒连接是将两根待接钢筋端头用套丝机做出锥形外丝，然后用锥形螺纹套筒将钢筋两端拧紧的钢筋连接方法。锥螺纹套筒连接工序简单、施工速度快，但现场加工的螺纹质量或丝扣松动对接头质量影响较大。此法在实际工程上已基本不再采用。

直螺纹套筒连接是一种新的螺纹连接方式，是将两根待接钢筋端头用套丝机做出外丝，然后用直螺纹套筒将钢筋两端拧紧的钢筋连接方法。直螺纹套筒连接接头具有接头强度高、延性好、施工速度快、适用范围广等特点。适用于直径为 16~40 毫米的 HRB335 级、HRB400 级和 RRB400 级带肋钢筋的连接。直螺纹套筒连接又可分为钢筋镦粗直螺纹套筒连接和钢筋滚压直螺纹连接，目前镦粗直螺纹套筒连接已较少使用。

（1）工艺流程

工艺流程为：钢筋套丝加工套筒准备—检查合格后加保护套—现场连接—检查验收。

（2）施工要求

套筒应有保护端盖，套筒内不得有杂物。套筒表面不得有裂纹，螺纹牙型应饱满，表面及内螺纹不得有严重的锈蚀及其他肉眼可见的缺陷。

钢筋丝头加工应使用水性润滑液，加工完毕经检验合格后，应立即带上丝头保护帽或拧上连接套筒，并按规格分类堆放整齐待用。丝头表面不得有影响接头性能的损坏及锈蚀。

连接钢筋时，钢筋规格应与连接套筒的规格一致，并保证丝头和连接套筒内螺纹干净、完好无损。

连接钢筋时应用工作扳手将丝头在套筒中央位置顶紧，当采用加锁母型套筒时应用锁母锁紧。钢筋接头拧紧后应用力矩扳手按不小于拧紧力的矩值检查，并加以标记。

钢筋连接完毕后，标准型接头连接套筒外应有外露有效螺纹，且连接套筒单边外，露有效螺纹不得超过 2P（P 为螺距）。

（3）质量检查

钢套筒进场，必须有原材料试验单与套筒出厂合格证，并由该技术提供单位提交有效的型式检验报告。

钢筋连接作业开始前及施工过程中，应对每批进场钢筋进行挤压连接工艺检验。

（三）钢筋焊接

钢筋焊接方法有闪光对焊、电弧焊、电渣压力焊、埋弧压力焊、电阻点焊和气压焊等。

1. 闪光对焊

钢筋闪光对焊是将两根钢筋安放成对接形式，利用焊接电流通过两根钢筋接触点产生的电阻热，使接触点金属熔化，产生强烈飞溅，形成闪光，迅速施加顶锻完成的一种压焊方法。其具有成本低、质量好、工效高及适用范围广等特点。钢筋夹入对焊机的两电极中，闭合电源，然后使钢筋两端面轻微接触，形成闪光现象，钢筋加热到一定温度后，进行加压顶锻，使两根钢筋焊接在一起。

（1）对焊工艺

根据所用对焊机功率大小及钢筋品种、直径不同，闪光对焊可分为连续闪光焊、预热闪光焊、闪光 - 预热闪光焊等不同工艺。

连续闪光焊：钢筋安放后，闭合电源，使两钢筋端面轻微接触，形成闪光；闪光一旦开始，徐徐移动钢筋，形成连续闪光过程；待钢筋烧化到一定长度后，以适当的压力迅速顶锻，使两根钢筋焊牢。其适用于焊接直径 25 毫米以内的 HPB235 级钢筋、22 毫米以内的 HRB335 级钢筋和 20 毫米以内的 HRB400 级钢筋。

预热闪光焊：在连续闪光焊前增加一次预热过程，以扩大焊接热影响区。施焊时使两钢筋端面交替地接触和分开，这时钢筋端面的间隙中发出断续的闪光，形成预热过程。当钢筋达到规定的预热量后，随即进行连续闪光和顶锻。其适用于焊接直径大于 25 毫米且端部较平整的钢筋。

闪光 - 预热闪光焊：在预热闪光焊前加一次闪光过程，目的是使不平整的钢筋端面烧化平整，使预热均匀，保证大直径、高强度的钢筋焊接质量。其适用于焊接直径大于 25 毫米且端部不平整的钢筋。

（2）质量检查

外观检查：接头处不得有横向裂纹和烧伤；接头处弯折不大于 4°，钢筋轴线偏移不得大于钢筋直径的 0.1 倍，且不得大于 2 毫米。

2. 电弧焊

电弧焊是利用电弧焊机使焊条与焊件之间产生高温电弧，熔化焊条和高温电弧范围内的焊件金属，凝固后形成焊缝或焊接接头。电弧焊广泛用于钢筋接头与钢筋骨架焊接、装配式结构接头焊接、钢筋与钢板焊接及各种钢结构焊接。

（1）焊接工艺

钢筋电弧焊有搭接焊、帮条焊、剖口焊和熔槽帮条焊四种接头形式。

搭接焊与帮条焊：搭接焊适用于焊接直径 10~40 毫米的 HPB235、HRB335 级钢筋；帮条焊适用于焊接直径 10~40 毫米的各级热轧钢筋。焊接时宜采用双面焊，不能进行双面焊时可采用单面焊。焊缝厚度应不小于 0.3 倍钢筋直径，焊缝宽度不小于 0.7 倍钢筋直径。帮条级别与主筋相同时，帮条的直径可比主筋直径小一个规格；帮条直径与主筋相同时，帮条钢筋的级别可比主筋低一个级别。

剖口焊：剖口焊有立焊和平焊两种。剖口焊焊缝短，可节约钢材和提高工效。其适用于焊接直径 18~40 毫米的各级热轧钢筋。钢筋剖口平焊时，钢垫板长宜为 40~60 毫米、宽度为钢筋直径加 10 毫米，V 形坡口角度宜为 55°~ 60°，钢筋根部间隙宜为 4~6 毫米。钢筋剖口立焊时，钢垫板长宜为 40~60 毫米、宽度等于钢筋直径，V 形坡口角度宜为

35°～45°，钢筋根部间隙宜为3~5毫米。

（2）质量检查

外观检查：焊缝表面应平整，不得有凹陷或焊瘤，接头处不得有裂纹、弯折不大于4°，钢筋轴线偏移不得大于钢筋直径的0.1倍，且不得大于3毫米。

3. 电渣压力焊

电渣压力焊是将两根钢筋安放成竖向对接形式，利用焊接电流通过两根钢筋端面间隙，在焊剂层下形成电弧过程和电渣过程，利用电弧热和电阻热熔化钢筋，加压完成的一种压焊方法。这种焊接方法比电弧焊节省钢材，工效高、成本低，适用于现浇钢筋混凝土结构中直径为14~40毫米的HPB235级、HRB335级钢筋的竖向或斜向（倾斜度在4：1范围内）连接。

（1）焊接工艺

施焊前，焊接夹具的上、下钳口应夹紧在上、下钢筋上。夹具的下钳口应夹紧下钢筋端部的适当位置（1/2焊剂盒高度偏下5~10毫米），上钢筋放入夹具钳口后，调准动夹头的起始点，使上、下钢筋的焊接部位位于同轴状态，方可夹紧钢筋（钢筋一经夹紧，严防晃动）；然后安放铁丝圈（引弧用）、焊剂盒，填装焊剂。不同直径钢筋焊接时，上、下两钢筋轴线应在同一直线上。

电渣压力焊包括引弧、电弧、电渣和顶压等工艺过程。

引弧过程：通过操纵杆或操纵盒上的开关，先后接通焊机的焊接电流回路和电源的输入回路，在钢筋端面之间引燃电弧。工程中宜用铁丝圈引弧，也可直接引弧。

电弧过程：引燃电弧后，借助操纵杆使上下钢筋端面之间保持一定的间距，进行电弧过程的延时，使焊剂不断熔化而形成一定深度的渣池。

电渣过程：当渣池在接口周围达到一定的深度时，随后逐渐下送钢筋，使上钢筋端部插入渣池，电弧熄灭，进入电渣过程的延时，使钢筋断面迅速且均匀熔化。

顶压过程：电渣过程结束，迅速下送上钢筋，使其端面与下钢筋端面相互接触，趁热排除熔渣和熔化金属，同时切断焊接电源，焊接即告结束。

（2）质量检查

外观检查：接头处四周焊包凸出钢筋表面的高度应大于等于4毫米，且不得有烧伤；接头处弯折不大于4°，钢筋轴线偏移不得大于钢筋直径的0.1倍，且不得大于2毫米。

4. 埋弧压力焊

埋弧压力焊主要用于钢筋与钢板的T形接头焊接。其工作原理是：利用埋在焊接接头处的焊剂层下的高温电弧，熔化两焊件焊接接头处的金属，然后加压顶锻形成焊件焊合。这种焊接方法工艺简单、工效高、质量好，具有焊后钢板变形小，焊接点抗拉强度高的特点，适用于各种预埋件、T形接头、钢筋与钢板的焊接。预埋件钢筋压力焊适用于直径为6~25毫米的HPB235级、HRB335级热轧钢筋的焊接，钢板为普通碳素钢，厚度为6~20毫米。

5. 电阻点焊

电阻点焊主要用于钢筋的交叉连接，钢筋网片、钢筋骨架的焊接等。其工作原理是：当钢筋交叉点焊时，接触点只有一点，接触处接触电阻较大，在接触的瞬间，电流产生的全部热量都集中在一点上，使金属受热而熔化，同时在电极加压下使焊点金属得到焊合。常用的点焊机有单点点焊机、多点点焊机、悬挂式点焊机和手提式点焊机。电阻点焊的焊点应进行外观检查和强度试验。热轧钢筋的焊点应进行抗剪试验；冷处理钢筋的焊点除进行抗剪试验外，还应进行拉伸试验。

6. 气压焊

气压焊是利用乙炔、氧气混合气体燃烧的高温火焰，加热焊接钢筋的接合部，使其达到塑性态，加压完成的一种压焊方法。其具有设备简单、操作方便、质量好、成本低等优点，但对焊工要求严，焊前对钢筋端面处理要求高。被焊两钢筋直径之差不得大于 7 毫米。气压焊适用于 HPB235、HRB335、HRB400 级热轧钢筋的焊接。

（四）钢筋绑扎连接

钢筋绑扎连接是在钢筋搭接处的中心及两端用铁丝（20~22 号的铁丝）扎牢，多用于直径在 12 毫米以下钢筋的连接。

绑扎连接应做到绑扎位置准确、牢固；接头中钢筋的横向净距不应小于钢筋直径，且不应小于 25 毫米；在搭接长度范围内不少于 3 点绑扎；同一纵向受力钢筋不宜设置两个或两个以上接头，接头末端至钢筋弯起点的距离不应小于钢筋直径的 10 倍。

四、钢筋配料与代换

（一）钢筋配料

钢筋配料是根据构件配筋图，绘出各种形状和规格的单根钢筋简图并加以编号，分别计算钢筋的下料长度、根数和重量，并绘制配料单以作为钢筋加工的依据。

1. 钢筋混凝土保护层厚度

受力钢筋的混凝土保护层厚度应符合设计要求。

2. 钢筋锚固长度

（1）当计算中充分利用纵向受拉钢筋强度时，应符合规定的数值。

（2）支撑在砌体墙上的简支梁下部纵向受力钢筋，其伸入梁支座范围内的锚固长度 L_0：带肋钢筋，$L_0 \geqslant 12d$；光圆钢筋，$L_0 \geqslant 15d$。

（3）悬臂梁上部两根角部钢筋应伸至悬臂梁外端，并向下弯折不少于 12d。

（4）柱顶钢筋锚固长度：中柱钢筋弯锚时锚固长度 $\geqslant 0.5L_0+12d$；边支座柱钢筋弯锚时伸入梁内的外侧纵向钢筋锚固长度 $\geqslant 1.5L_0$，截面面积不宜小于外侧纵向钢筋全部截面面积的 65%。梁宽范围以外的柱外侧纵向钢筋宜沿节点顶部伸至柱内边，并向下弯折不小于 8d；柱内侧纵向钢筋弯折的水平长度不宜小于 12d。

3. 钢筋弯折量度差值

设计图中标注的钢筋尺寸是指钢筋的外轮廓尺寸（外包尺寸），钢筋的下料长度则是指轴线长度。如果按设计图中钢筋的外包尺寸下料，则加工后的钢筋尺寸将大于设计要求的尺寸，这是由于钢筋弯曲时，外皮伸长而内皮缩短，其轴线长度不变，而量得的外包尺寸值总和要大于钢筋的轴线长度。弯曲钢筋的外包尺寸与轴线长度之间存在的差值，称为量度差值。为简便下料计算，钢筋弯曲量度差值可近似取值。

（二）钢筋代换

施工中若确实缺乏设计图纸中所要求的钢筋品种、级别或规格，则应在征得设计单位同意并办理设计变更文件后，参照以下原则进行代换：

1. 等强度代换

当构件按强度控制时，钢筋可按强度相等的原则进行代换。若设计图中钢筋设计强度为f_{y1}，钢筋总截面面积为A_{s1}；拟代换钢筋设计强度为f_{y2}，钢筋总截面面积为A_{s2}，则代换时应满足下式要求：

$$A_{S2}f_{y2} \geq A_{S1}f_{y1}$$

2. 等面积代换

相同种类和级别的钢筋代换及构件按最小配筋率配筋时，可按钢筋截面面积相等的原则进行代换，代换时应满足下式要求：

$$A_{S2} \geq A_{S1}$$

3. 钢筋代换注意事项

（1）重要受力构件（如吊车梁、薄腹梁、桁架下弦等）不宜用 HPB235 级钢筋代换 HRB335 级、HRB400 级带肋钢筋，以免裂缝开展过大。

（2）钢筋代换后，应满足混凝土结构设计规范中所规定的钢筋间距、锚固长度、最小钢筋直径、根数等配筋构造要求。

（3）梁的纵向受力钢筋与弯起钢筋应分别代换，以保证正截面与斜截面的强度。

（4）偏心受压构件（如框架柱、有吊车梁的厂房柱、桁架上弦等）或偏心受拉构件做钢筋代换时，不取整个截面配筋量计算，而应按受力面（受拉或受压）分别代换。

（5）有抗震要求的梁柱和框架不宜以强度等级较高的钢筋代换原设计中的钢筋；若必须代换，则其代换的钢筋检验所得的实际强度尚应符合抗震钢筋的要求。

（6）当构件受裂缝宽度或挠度控制时，钢筋代换后应进行裂缝宽度或挠度验算。

五、钢筋的加工

钢筋的加工工艺包括除锈、调直、下料切断、弯曲成型等。

（一）钢筋的除锈

钢筋施工时表面应洁净。钢筋表面的油渍、漆污、水锈和用锤敲击时能剥落的浮皮、铁锈等应在使用前清除干净。除锈的方法很多，有人工除锈（钢丝刷、沙盘）、喷砂除锈、酸洗除锈、电动除锈、调直除锈等。

（二）钢筋的调直

细钢筋的调直一般采用调直机，调直过程中同时除锈。粗钢筋的调直可采用冷拉调直、锤直或扳直等方法；采用冷拉法调直时，HPB235 级钢筋的冷拉率不宜大于 4%，HRB335 级、HRB400 级钢筋的冷拉率不宜大于 1%。

（三）钢筋的下料切断

钢筋的下料切断使用的机具设备有电动钢筋切断机、电动液压切断机、手动液压切断器、电动切割机、钢剪等。电动钢筋切断机能切断直径为 6~40 毫米的钢筋，电动液压切断机能切断直径为 6~32 毫米的钢筋，手动液压切断器可切断直径 16 毫米以下的钢筋。

（四）钢筋的弯曲成型

钢筋下料后，应按弯曲设备特点及钢筋直径、弯曲角度进行画线，以便弯曲成设计的尺寸和形状。当弯曲钢筋两边对称时，画线工作宜从钢筋中线开始向两边进行；当弯曲形状比较复杂的钢筋时，可先放出实样（足尺放样），再进行弯曲。钢筋弯曲宜采用钢筋弯曲机或四头弯筋机（钢筋弯箍机）。当缺乏机具设备或少量的钢筋弯曲时，也可采用手摇扳手弯曲细钢筋，用卡筋、扳头弯曲粗钢筋。

第三节　混凝土工程

混凝土工程包括配料、搅拌、运输、浇筑、振捣和养护等工序。各施工工序对混凝土工程质量都有很大的影响。因此，要使混凝土工程施工能保证结构具有设计的外形和尺寸，确保混凝土结构的强度、刚度、密实性、整体性及满足设计和施工的特殊要求，必须严格保证混凝土工程每道工序的施工质量。

一、钢筋的绑扎安装与质量检查

（一）钢筋的绑扎安装

1. 准备工作

（1）钢筋绑扎和安装前，先熟悉施工图纸，核对成品钢筋的钢号、直径、形状、尺寸和数量是否与配料单相符，研究钢筋安装与有关工种的配合顺序。

（2）准备绑扎用的铁丝、绑扎工具、保护层垫块等。

2. 钢筋绑扎安装的工艺与要求

（1）钢筋绑扎安装的工艺程序

钢筋绑扎的工艺程序是：画线—摆筋—穿箍、绑扎—安放垫块等。

画线：画出钢筋位置线。画线应注意间距、数量，标明加密箍筋的位置。平板或墙板的钢筋在模板上画线；箍筋在两根对角线主筋上画点；梁的箍筋在架立筋上画点；基础的钢筋在两向各取一根钢筋画点或在垫层上画线。

摆筋：板类摆筋顺序一般先排主筋后排副筋，梁类一般先摆纵筋。摆放有焊接头和绑扎接头的钢筋，其接头位置、同一截面的接头数量、搭接长度等应符合规范规定。有变截面的箍筋，应事先将箍筋排列清楚，然后安装纵向钢筋。

穿箍、绑扎、安放垫块：梁、柱钢筋骨架应在摆筋、穿箍后进行绑扎，且应与模板架设配合进行。柱子一般是先绑扎成型钢筋骨架后架设模板；梁一般是先架设梁底模板，然后在模板上绑扎钢筋骨架；现浇楼板一般是模板安装后，在模板上绑扎钢筋网片；墙是在钢筋网片绑扎完毕并采取临时固定措施后，架设模板。钢筋骨架绑扎后应及时安放垫块并固定。

（2）钢筋绑扎安装的要求

基础钢筋绑扎安装应满足以下要求：

四周两排钢筋交叉点应每点扎牢，中间部分交叉点可相隔交错扎牢，但必须保证受力钢筋不位移。双向主筋的钢筋网，则须将全部钢筋相交点扎牢。

基础底板采用双层钢筋网时，在上层钢筋网下面应设置钢筋撑脚或混凝土撑脚，每隔 1 米放置一个，以保证钢筋位置正确。

钢筋的弯钩应朝上，不要倒向一边，但双层钢筋网的上层钢筋弯钩应朝下。

独立柱基础为双向弯曲，其底面短边的钢筋应放在长边钢筋的上面。

柱钢筋绑扎安装应满足以下要求：

柱中竖向钢筋搭接时，角部钢筋的弯钩平面与模板面的夹角：矩形柱应为 45°，多边形柱应为模板内角的平分角，圆形柱应与模板的切线平面垂直；中间钢筋应与模板面垂直。当采用插入式振捣器浇筑小型截面柱时，弯钩与模板的夹角不得小于 15°。

柱箍筋的接头（弯钩叠合处）应交错布置在四角纵向钢筋上；箍筋转角与纵向钢筋交叉点均应扎牢，箍筋平直部分与纵向钢筋交叉点可间隔扎牢。

框架梁、牛腿及柱帽等钢筋应放在柱的纵向钢筋内侧。

现浇柱与基础连接用的插筋，其箍筋应比柱的箍筋缩小一个柱筋直径，以便连接。插筋位置一定要固定牢靠，以免造成柱轴线偏移。

（3）墙钢筋绑扎安装应满足以下要求

墙的垂直钢筋每段长度不宜超过 4 米（直径≤ 12 毫米）或 6 米（直径＞ 12 毫米），水平钢筋每段长度不宜超过 8 米，以便于绑扎。

墙的钢筋网绑扎同基础。钢筋有 90° 弯钩时，弯钩应朝向混凝土内。当采用双层钢筋网时，在两层钢筋间应设置撑铁，间距约为 1 米，相互错开排列，以固定钢筋间距。

墙的钢筋，可在基础钢筋绑扎之后、浇筑混凝土之前插入基础内。

（4）梁板钢筋绑扎安装应满足以下要求：

板、次梁与主梁交接处，板的钢筋在上，次梁钢筋居中，主梁钢筋在下；主梁与圈梁交接处，主梁钢筋在上，圈梁钢筋在下，绑扎时切不可放错位置。

纵向受力钢筋采用双层排列时，两排钢筋之间应垫以直径≥ 25 毫米的短钢筋，以保持其设计距离。

梁箍筋的接头（弯钩叠合处）应交错布置在两根架立钢筋上，其余同柱。

板的钢筋网绑扎与基础相同，但应注意板上部的副筋，要防止被踩下；特别是雨篷、挑檐、阳台等悬臂板，要严格控制副筋位置。

为缩短钢筋安装的工期，减少钢筋施工中的高空作业，在运输、起重条件允许时，钢筋网片和钢筋骨架的安装尽量采用先预制绑扎后安装的方法。

（二）钢筋安装质量检查

钢筋安装完毕后，在浇筑混凝土之前，应进行钢筋及预埋件等隐蔽工程验收，并做好隐蔽工程记录。其检查内容包括：

1. 钢筋的品种、直径、形状、尺寸、根数、间距和锚固长度是否与设计图纸相符，特别要注意检查副筋的位置。

2. 钢筋的接头位置及搭接长度是否符合规定。

3. 混凝土保护层是否符合要求。

4. 钢筋表面是否清洁（有无油污、漆污和颗粒状或片状铁锈）。

5. 绑扎是否牢固，有无松动变形现象。

6. 绑扎、安装钢筋时的允许偏差不得大于规范规定。

二、钢筋配料

钢筋配料就是根据配筋图计算构件各钢筋的下料长度、根数及质量，编制钢筋配料单，作为备料、加工和结算的依据。

（一）钢筋配料单的编制

1. 熟悉图纸。编制钢筋配料单之前必须熟悉图纸，把结构施工图中钢筋的品种、规格列成钢筋明细表，并读出钢筋设计尺寸。

2. 计算钢筋的下料长度。

3. 填写和编写钢筋配料单。根据钢筋下料长度，汇总编制钢筋配料单。在配料单中，要反映出工程名称，钢筋编号，钢筋简图和尺寸，钢筋直径、数量、下料长度、质量等。

4. 填写钢筋料牌。根据钢筋配料单，将每一编号的钢筋制作一块料牌，作为钢筋加工的依据。

（二）钢筋下料长度的计算原则及规定

1. 钢筋长度

钢筋下料长度与钢筋图中的尺寸是不同的。钢筋图中注明的尺寸是钢筋的外包尺寸，外包尺寸大于轴线长度，但钢筋经弯曲成型后，其轴线长度并无变化。因此钢筋应按轴线长度下料，否则，钢筋长度大于要求长度，将导致保护层不够，或钢筋尺寸大于模板净空，既影响施工，又造成浪费。在直线段，钢筋的外包尺寸与轴线长度并无差别；在弯曲处，钢筋外包尺寸与轴线长度间存在一个差值，称为量度差。故钢筋下料长度应为各段外包尺寸之和减去量度差，再加上端部弯钩尺寸（称末端弯钩增长值）。

表 5–5　钢筋弯曲量度差值

钢筋弯曲角度	30°	45°	60°	90°	135°
钢筋弯曲调整值	0.35d	0.54d	0.85d	1.75d	2.5d

2. 混凝土保护层厚度

混凝土保护层是指受力钢筋外缘至混凝土构件表面的距离，其作用是保护钢筋在混凝土结构中不受锈蚀。

混凝土的保护层厚度，一般用水泥砂浆垫块或塑料卡垫在钢筋与模板之间来控制。塑料卡垫的形状有塑料垫块和塑料环圈两种。塑料垫块用于水平构件，塑料环圈用于垂直构件。综上所述，钢筋下料长度计算总结为：

直钢筋下料长度 = 直构件长度—保护层厚度 + 弯钩增加长度

弯起钢筋下料长度 = 直段长度 + 斜段长度—弯折量度差值 + 弯钩增加长度

箍筋下料长度 = 直段长度 + 弯钩增加长度—弯折量度差值或箍筋下料长度 = 箍筋周长 + 箍筋调整值

（三）钢筋下料计算注意事项

1. 在设计图纸中，钢筋配置的细节问题没有注明时，一般按构造要求处理。

2. 配料计算时，要考虑钢筋的形状和尺寸，在满足设计要求的前提下，要有利于加工。

3. 配料时，还要考虑施工需要的附加钢筋。

三、混凝土的施工配料

施工配料时影响混凝土质量的因素主要有两方面：一是称量不准；二是未按砂、石骨料实际含水率的变化进行施工配合比的换算。

混凝土的配合比是在实验室根据混凝土的施工配制强度经过试配和调整而确定的，称为实验室配合比。

实验室配合比所用的砂、石都是不含水分的，而施工现场的砂、石一般都含有一定的水分，且砂、石含水率的大小随当地气候条件不断发生变化。因此，为保证混凝土配合比的质量，在施工中应适当扣除使用砂、石的含水量，经调整后的配合比，称为施工配合比。施工配合比可以经对实验室配合比做如下调整得出。

设实验室配合比为水泥：砂子：石子 =1 ：X ：Y，水灰比为 W/C，并测得砂、石含水率分别为 W_x、W_y，则施工配合比应为：

$$水泥：砂子：石子 =1 ：X(1+W_x)：Y(1+W_y)$$

按实验室配合比 1 立方米混凝土水泥用量为 C(kN)，计算时保持水灰比 W/C 不变，则 1 立方米混凝土的各材料的用量（KN）为：

$$水泥：C=C \quad 砂：X=C(1+W_x)$$

$$石：Y=C(1+W_y) \quad 水：W=W-C(XW_x+YW_y)$$

混凝土配合比时，混凝土的最大水泥用量不宜大于 550 千克 / 平方米，且应保证混凝土的最大水灰比和最小水泥用量应符合表的规定。

配制泵送混凝土的配合比时，骨料最大粒径与输送管内径之比，对碎石不宜大于 1 ：3，卵石不宜大于 1 ：2.5，通过 0.315 毫米筛孔的砂不应少于 15%；砂率宜控制在 40%~50%；最小水泥用量宜为 300 千克 / 平方米；混凝土的坍落度宜为 80~180 毫米；混凝土内宜掺加适量的外加剂。泵送轻骨料混凝土的原材料选用及配合比应由试验确定。

四、混凝土的搅拌

混凝土搅拌是将水、水泥和粗细骨料进行均匀拌和及混合的过程。同时，通过搅拌还要使材料达到强化、塑化的作用。混凝土可采用机构搅拌和人工搅拌。搅拌机械分为自落式搅拌机和强制式搅拌机。

（一）混凝土搅拌机

混凝土搅拌机按搅拌原理分为自落式和强制式两类。

自落式搅拌机多用于搅拌塑性混凝土和低流动性混凝土，根据其构造的不同又分为若干种。

强制式搅拌机多用于搅拌干硬性混凝土和轻骨料混凝土，也可以搅拌低流动性混凝土。

强制式搅拌机又分为立轴式和卧轴式两种。卧轴式有单轴、双轴之分，而立轴式又分为涡桨式和行星式。

（二）混凝土搅拌

1. 搅拌时间

混凝土的搅拌时间：从砂、石、水泥和水等全部材料投入搅拌筒起，到开始卸料为止所经历的时间。

搅拌时间与混凝土的搅拌质量密切相关，随搅拌机类型和混凝土的和易性不同而变化。在一定范围内，随搅拌时间的延长，强度有所提高，但过长时间的搅拌既不经济，而且混凝土的和易性又将降低，影响混凝土的质量。

加气混凝土还会因搅拌时间过长而使含气量下降。

混凝土搅拌的最短时间可按表 5-6 采用。

表 5–6　混凝土搅拌的最短时间

混凝土坍落度 /cm	搅拌机机型	最短时间 / 秒		
		搅拌机容量＜ 250L	250~500L	＞ 500L
≤ 3	自落式	90	120	150
	强制式	60	90	120
＞ 3	自落式	90	90	120
	强制式	60	60	90

2. 投料顺序

投料顺序应从提高搅拌质量，减少叶片、衬板的磨损，减少拌和物与搅拌筒的黏结，减少水泥飞扬，改善工作环境，提高混凝土强度及节约水泥等方面综合考虑确定。投料常用一次投料法和二次投料法。

（1）一次投料法是在上料斗中先装石子，再加水泥和砂，然后一次投入搅拌筒中进行搅拌。

自落式搅拌机要在搅拌筒内先加部分水，投料时砂压住水泥，使水泥不飞扬，而且水泥和砂先进搅拌筒形成水泥砂浆，可缩短水泥包裹石子的时间。

强制式搅拌机出料口在下部，不能先加水，应在投入原材料的同时，缓慢均匀分散地加水。

（2）二次投料法是先向搅拌机内投入水和水泥（和砂），待其搅拌 1 分钟后再投入石子和砂继续搅拌到规定时间。这种投料方法，能改善混凝土性能，提高混凝土的强度，在保证规定的混凝土强度的前提下节约水泥。

常用的方法有两种：预拌水泥砂浆法和预拌水泥净浆法。

预拌水泥砂浆法是指先将水泥、砂和水加入搅拌筒内进行充分搅拌，成为均匀的水泥砂浆后，再加入石子搅拌成均匀的混凝土。

预拌水泥净浆法是先将水泥和水充分搅拌成均匀的水泥净浆后，再加入砂和石子搅拌成混凝土。

与一次投料法相比，二次投料法可使混凝土强度提高 10%~15%，节约水泥 15%~20%。

水泥裹砂石法混凝土搅拌工艺，用这种方法拌制的混凝土称为造壳混凝土（简称 SEC 混凝土）。它是分两次加水，两次搅拌的。

先将全部砂、石子和部分水倒入搅拌机拌和，使骨料湿润，称之为造壳搅拌。搅拌时间以 45~75 秒为宜，再倒入全部水泥搅拌 20 秒，加入拌和水和外加剂进行第二次搅拌，60 秒左右完成，这种搅拌工艺称为水泥裹砂法。

3. 进料容量

进料容量是将搅拌前各种材料的体积累积起来的容量，又称干料容量。

进料容量与搅拌机搅拌筒的几何容量有一定比例关系。进料容量约为出料容量的1.4~1.8倍（通常取1.5倍），如任意超载（超载10%），就会使材料在搅拌筒内无充分的空间进行拌和，影响混凝土的和易性。反之，装料过少，又不能充分发挥搅拌机的效能。

五、混凝土的运输

（一）混凝土运输的要求

运输中的全部时间不应超过混凝土的初凝时间。

运输中应保持匀质性，不应产生分层离析现象，不应漏浆；运至浇筑地点应具有规定的坍落度，并保证混凝土在初凝前能有充分的时间进行浇筑。

混凝土的运输道路要求平坦，应以最少的运转次数、最短的时间从搅拌地点运至浇筑地点。

从搅拌机中卸出后到浇筑完毕的延续时间不宜超过表5-7的规定。

表5-7　混凝土从搅拌机中卸出后到浇筑完毕的延续时间

混凝土强度等级	延续时间 / 分钟	
	气温＜25℃	气温≥25℃
低于及等于C30	120	90
高于C30	90	60

注：①掺用外加制或采用快硬水泥拌制混凝土时，应按试验确定。

②轻骨料混凝土的运输、浇筑延续时间应适当缩短。

（二）运输工具的选择

混凝土运输分地表水平运输、垂直运输和楼面水平运输等三种。

地面运输时，短距离多用双轮手推车、机动翻斗车，长距离宜用自卸汽车、混凝土搅拌运输车。

垂直运输可采用各种井架、龙门架和塔式起重机作为运输工具。对于浇筑量大、浇筑速度比较稳定的大型设备基础和高层建筑，宜采用混凝土泵，也可采用自升式塔式起重机或爬升式塔式起重机运输。

（三）泵送混凝土

混凝土用混凝土泵运输，通常称为泵送混凝土。常用的混凝土泵有液压柱塞泵和挤压泵两种。

1. 液压柱塞泵

它是利用柱塞的往复运动将混凝土吸入和排出的。

混凝土输送管有直管、弯管、锥形管和浇筑软管等，一般由合金钢、橡胶、塑料等材料制成，常用混凝土输送管的管径为100~150毫米。

2. 泵送混凝土对原材料的要求

（1）粗骨料：碎石最大粒径与输送管内径之比不宜大于1 ∶ 3；卵石不宜大于1 ∶ 2.5。

（2）砂：以天然砂为宜，砂率宜控制在40%~50%，通过0.315毫米筛孔的砂不少于15%。

（3）水泥：最少水泥用量为300千克/平方米，坍落度宜为80~180毫米，混凝土内宜适量掺入外加剂。泵送轻骨料混凝土的原材料选用及配合比，应通过试验确定。

（四）泵送混凝土施工中应注意的问题

输送管的布置宜短直，尽量减少弯管数，转弯宜缓，管段接头要严密，少用锥形管。混凝土的供料应保证混凝土泵能连续工作，不间断；正确选择骨料级配，严格控制配合比。

泵送前，为减少泵送阻力，应先用适量与混凝土内成分相同的水泥浆或水泥砂浆润滑输送管内壁。

泵送过程中，泵的受料斗内应充满混凝土，防止吸入空气形成阻塞。

防止停歇时间过长，若停歇时间超过45分钟，应立即用压力或其他方法冲洗管内残留的混凝土；泵送结束后，要及时清洗泵体和管道；用混凝土泵浇筑的建筑物，要加强养护，防止龟裂。

六、混凝土的浇筑与振捣

（一）混凝土浇筑前的准备工作

混凝土浇筑前，应对模板、钢筋、支架和预埋件进行检查。检查模板的位置、标高、尺寸、强度和刚度是否符合要求，接缝是否严密，预埋件的位置和数量是否符合图纸要求。

检查钢筋的规格、数量、位置、接头和保护层厚度是否正确；清理模板上的垃圾和钢筋上的油污，浇水湿润木模板；填写隐蔽工程记录。

（二）混凝土的浇筑

1. 混凝土浇筑的一般规定

混凝土浇筑前不应发生离析或初凝现象，如已发生，须重新搅拌。混凝土运至现场后，其坍落度应满足表5-8的要求。

表 5–8　混凝土浇筑时的坍落度

结构种类	坍落度 / 毫米
基础或地面的垫层、无配筋的大体积结构（挡土墙、基础等）或配筋稀疏的结构	10~30
板、梁和大型及中型截面的柱子等	30~50
配筋密列的结构（薄壁、斗仓、筒仓、细柱等）	50~70
配筋特密的结构	70~90

混凝土自高处倾落时，其自由倾落高度不宜超过2米；若混凝土自由下落高度超过2米，应设串筒、斜槽、溜管或振动溜管等。

混凝土的浇筑工作，应尽可能连续进行。混凝土的浇筑应分段、分层连续进行，随浇随捣。在竖向结构中浇筑混凝土时，不得发生离析现象。

2. 施工缝的留设与处理

如果由于技术或施工组织上的原因，不能对混凝土结构一次连续浇筑完毕，而必须停歇较长的时间，其停歇时间已超过混凝土的初凝时间，致使混凝土已初凝；当继续浇混凝土时，形成了接缝，即为施工缝。

（1）施工缝的留设位置

施工缝设置的原则，一般宜留在结构受力（剪力）较小且便于施工的部位。

柱子的施工缝宜留在基础与柱子交接处的水平面上，或梁的下面，或吊车梁牛腿的下面、吊车梁的上面、无梁楼盖柱帽的下面。

高度大于 1 米的钢筋混凝土梁的水平施工缝，应留在楼板底面下 20~30 毫米处，当板下有梁托时，留在梁托下部；单向平板的施工缝，可留在平行于短边的任何位置；对于有主次梁的楼板结构，宜顺着次梁方向浇筑，施工缝应留在次梁跨度的中间 1/3 范围内。

（2）施工缝的处理

施工缝处继续浇筑混凝土时，应待混凝土的抗压强度不小于 1.2 兆帕方可进行。

施工缝浇筑混凝土之前，应除去施工缝表面的水泥薄膜、松动石子和软弱的混凝土层，并加以充分湿润和冲洗干净，不得有积水。

浇筑时，施工缝处宜先铺水泥浆（水泥：水 =1 ：0.4），或与混凝土成分相同的水泥砂浆一层，厚度为 30~50 毫米，以保证接缝的质量。浇筑过程中，施工缝应细致捣实，使其紧密结合。

3. 混凝土的浇筑方法

（1）多层钢筋混凝土框架结构的浇筑

浇筑框架结构首先要划分施工层和施工段，施工层一般按结构层划分，而每一施工层的施工段划分要考虑工序数量、技术要求、结构特点等。

混凝土的浇筑顺序：先浇捣柱子，在柱子浇捣完毕后，停歇 1~1.5 小时，使混凝土达到一定强度后，再浇捣梁和板。

（2）大体积钢筋混凝土结构的浇筑

大体积钢筋混凝土结构多为工业建筑中的设备基础及高层建筑中厚大的桩基承台或基础底板等。

其特点是混凝土浇筑面和浇筑量大、整体性要求高、不能留施工缝，以及浇筑后水泥的水化热量大且聚集在构件内部，形成较大的内外温差，易造成混凝土表面产生收缩裂缝等。

为保证混凝土浇筑工作连续进行，不留施工缝，应在下一层混凝土初凝之前，将上一层混凝土浇筑完毕。要求混凝土按不小于下述的浇筑量进行浇筑：

$$Q=\frac{FH}{T}$$

式中 Q—混凝土最小浇注量（立方米 / 小时）；

F—混凝土浇筑区的面积（平方米）；

H—浇筑层厚度（米）；

T—下层混凝土从开始浇筑到初凝所容许的时间间隔（小时）。

大体积钢筋混凝土结构的浇筑方案，一般分为全面分层、分段分层和斜面分层三种。

全面分层：在第一层浇筑完毕后，再回头浇筑第二层，如此逐层浇筑，直至完工为止。

分段分层：混凝土从底层开始浇筑，进行 2~3 米后再回头浇第二层，同样依次浇筑各层。

斜面分层：要求斜坡坡度不大于 1/3，适用于结构长度大大超过厚度 3 倍的情况。

（三）混凝土的振捣

振捣方式分为人工振捣和机械振捣两种。

1. 人工振捣

人工振捣是利用捣锤或插钎等工具的冲击力来使混凝土密实成型，其效率低、效果差。

2. 机械振捣

机械振捣是将振动器的振动力传给混凝土，使之发生强迫振动而密实成型，其效率高、质量好。混凝土振动机械按其工作方式分为内部振动器、表面振动器、外部振动器和振动台等。这些振动机械的构造原理，主要是利用偏心轴或偏心块的高速旋转，使振动器因离心力的作用而振动。

（1）内部振动器

内部振动器又称插入式振动器，适用于振捣梁、柱、墙等构件和大体积混凝土。

插入式振动器操作要点：

插入式振动器的振捣方法有两种，一是垂直振捣，即振动棒与混凝土表面垂直；二是斜向振捣，即振动棒与混凝土表面成 40°~45° 。

振捣器的操作要做到快插慢拔，插点要均匀，逐点移动，顺序进行，不得遗漏，达到均匀振实。振动棒的移动，可采用行列式或交错式。

混凝土分层浇筑时，应将振动棒上下来回抽动 50~100 毫米；同时，还应将振动棒深入下层混凝土中 50 毫米左右。

（2）表面振动器

表面振动器又称平板振动器，是将电动机轴上装有左右两个偏心块的振动器固定在一块平板上而成的。其振动作用可直接传递于混凝土面层上。

这种振动器适用于振捣楼板、空心板、地面和薄壳等薄壁结构。

（3）外部振动器

外部振动器又称附着式振动器，它是直接安装在模板上进行振捣，利用偏心块旋转时产生的振动力通过模板传给混凝土，达到振实的目的。

它适用于振捣断面较小或钢筋较密的柱子、梁、板等构件。

（4）振动台

振动台一般在预制厂用于振实干硬性混凝土和轻骨料混凝土。宜采用加压振动的方法，加压力为 1~3 千牛 / 平方米。

七、混凝土的养护

混凝土的凝结硬化是水泥水化作用的结果，而水泥水化作用必须在适当的温度和湿度条件下才能进行。混凝土的养护，就是使混凝土具有一定的温度和湿度而逐渐硬化。混凝土养护分自然养护和人工养护。自然养护就是在常温（平均气温不低于 5℃）下，用浇水或保水方法使混凝土在规定的期间内有适宜的温湿条件进行硬化。人工养护就是人工控制混凝土的温度和湿度，使混凝土强度增长，如蒸汽养护、热水养护、太阳能养护等，现浇结构多采用自然养护。

混凝土自然养护，是对已浇筑完毕的混凝土，应加以覆盖和浇水，并应符合下列规定：

应在浇筑完毕后的 12 天以内对混凝土加以覆盖和浇水；混凝土浇水养护的时间，对采用硅酸盐水泥、普通硅酸盐水泥或矿渣硅酸盐水泥拌制的混凝土，不得少于 7 天，对掺用缓凝型外加剂或有抗渗性要求的混凝土，不得少于 14 天；浇水次数应能保持混凝土处于湿润状态；混凝土的养护用水应与拌制用水相同。

对不易浇水养护的高耸结构、大面积混凝土或缺水地区，可在已凝结的混凝土表面喷涂塑性溶液，等溶液挥发后，形成塑性模，使混凝土与空气隔绝，阻止水分蒸发，以保证水化作用正常进行。

对地下建筑或基础，可在其表面涂刷沥青乳液，以防混凝土内水分蒸发。已浇筑的混凝土，强度达到 1.2 牛 / 平方毫米后，方允许在其上往来人员，进行施工操作。

八、混凝土的冬期施工

（一）混凝土冬期施工原理

混凝土能凝结硬化并获得强度，是因为水泥的水化反应，水和温度是水化反应得以进行的必要条件。混凝土冬期施工时，气温低，水泥水化作用减弱，强度增长缓慢。当温度降到0℃以下时，水化反应基本停止；当温度降到-4℃~-2℃时，混凝土内的水分开始结冰，此时水由液态转为固态，其体积因结冰膨胀约9%，在混凝土内部形成强大的冰胀应力，将使强度尚低的混凝土内部产生微裂缝，同时降低水泥与砂石和钢筋的黏结，导致结构强度和耐久性降低。若新浇混凝土在养护初期遭受冻害，即使气温恢复到正常温度后养护到一定龄期，也不能达到其设计强度。

试验证明，混凝土遭受冻结的危害程度与遭冻时间早晚、冻结前混凝土的强度、水灰比、水泥强度养护温度等有关。如果混凝土遭受冻结前已具备抵抗冻胀应力的强度，则混凝土内部结构就不致受冻结的损害。

混凝土允许受冻而不致使其各项性能遭到损害的最低强度，称为混凝土受冻临界强度。我国现行施工规范规定：冬期浇筑混凝土在受冻前的抗压强度，硅酸盐水泥或普通硅酸盐水泥配制的混凝土不得低于其设计强度标准值的30%，矿渣硅酸盐水泥配制的混凝土不得低于其设计强度标准值的40%，C10及C10以下的混凝土不得低于50兆帕。防止混凝土早期冻害的措施有两类：一是早期增强，主要是提高混凝土的早期强度，使之尽早达到混凝土受冻临界强度。具体措施有：一是使用早强水泥或超早强水泥、掺早强剂或早强型减水剂、早期保温蓄热、早期短时加热等；二是改善混凝土内部结构，具体做法是增加混凝土的密实度，排除多余的游离水或掺用减水型引气剂、防冻剂，降低混凝土的冰点温度，提高混凝土的抗冻能力。

（二）混凝土工程冬期施工方法

混凝土冬期施工方法很多，常用的施工方法有三类：蓄热法、外部加热法和掺外加剂法。

1. 蓄热法

蓄热法是利用对混凝土原材料（水、砂、石子）预加热的热量，热拌混凝土，再加以适当的保温覆盖，从而使混凝土能够在正常温度下满足受冻临界强度的要求。蓄热法适用于气温不太寒冷的地区。当室外最低气温不低于-1.5℃时，地面以下工程或表面系数（结构冷却的表面积与结构体积之比）不大于5的结构，应优先采用蓄热法施工。当混凝土拆模时所需强度较小，室外气温较高、风力较小，水泥强度等级高、水泥发热量大的结构，也可优先考虑蓄热法。

由于蓄热法施工简单、费用低、较易保证质量，因此国内外都把它作为冬期施工的基本方法。为扩大其应用范围，必要时可辅以如下措施形成综合蓄热法：

（1）采用低流动性混凝土、掺用早强型外加剂等来加速混凝土硬化。

（2）使用高强度、高水化热和快硬早强水泥或者适当加大水泥用量。

（3）充分利用其他热量。如对地下构筑物利用未冻土的热量，与外部短时加热法或早期表面加热（表面覆盖质量比为生石灰：锯屑：水=0.7 ：1 ：1的石灰锯屑）相结合等。

2. 掺外加剂法

掺外加剂法是在搅拌混凝土时加入一定剂量的具有抗冻、早强、减水、引气作用的外加剂，以降低混凝土中的液相冰点，保证水泥在负温条件下能继续水化作用，从而使混凝土在负温下能达到受冻临界强度。这是一种比较经济的混凝土冬期施工方法。

已应用的混凝土负温防冻外加剂的品种很多，一般有以下三种类型的组合：

（1）防冻组分 + 早强组分 + 减水组分。

（2）防冻组分 + 早强组分 + 减水组分 + 引气组分。

（3）防冻组分 + 早强组分 + 减水组分 + 引气组分 + 阻锈组分。

第四节　钢筋混凝土工程施工安全技术

一、模板施工安全技术

（一）模板安装安全技术

1. 现场防护设施齐全。支模场地夯实平整，电源线绝缘，漏电保护装置齐全，做好模板垂直运输的安全施工准备工作。

2. 雨季施工时，高耸结构的模板作业要安装避雷设施。5 级以上大风天气，不宜进行大模板拼装和吊装作业。

3. 夜间施工时，照明电源电压不得超过 36 伏，在潮湿地点或易触及带电体场所，照明电源电压不得超过 24 伏。各种电源线应用绝缘线，且不允许直接固定在钢模板上。

4. 支模应严格按工序进行，模板没有固定前，不得进行下道工序的施工。模板及其支撑系统在安装过程中必须设置临时固定设施，而且牢固可靠，严防倾覆。

5. 模板在 6 米以上不宜单独支模，应将几个柱子模板拉成整体。严禁在同一垂直面上安装模板。

6. 模板工程高空作业时，周围应设安全网、防护栏杆。作业架子和平台上一般不宜堆放模板料。所用工具不用时要放在工具袋内，不能随意将工具、模板零件放在脚手架上，以免坠落伤人。若在临街及交通要道地区施工，应设警示牌，避免伤及行人。

7. 操作人员上下通行，应通过马道、乘施工电梯或上人扶梯等，严禁攀登模板、连接件和支撑件或脚手架上下。

8. 模板安装过程中，不得间歇，柱头、搭头、立柱顶撑、拉杆等必须安装牢固成整体后，作业人员才允许离开。模板支撑不能固定在脚手架或门窗等不牢靠的临时物件上，避免发生倒塌或模板位移。

9. 大模板组装或拆除时，指挥、拆除和挂钩人员应站在安全可靠的地方才可操作，安装外模板的操作人员应系安全带。

10. 墙模板在未安装对拉螺栓前，板面向后倾斜一定角度并撑牢，以防倒塌。安装过程中随时拆换支撑或增加支撑，以保持墙模处于稳定状态。

（二）模板拆除安全技术

1. 拆模作业时，必须设置警戒区域，并派人监护，严禁下方有人进入。拆模必须拆除干净彻底，不得留有悬空模板。

2. 拆除模板一般应采用长撬杠，严禁作业人员站在正在拆除的模板上或在同一垂直面上拆除模板。

3. 拆除电梯井及大型孔洞模板时，下层必须采取支搭安全网等可靠防坠落措施。

4. 拆模高处作业应配置登高用具或搭设支架，必要时应系安全带。

5. 楼层高处拆下的材料严禁向下抛掷。拆下的模板、拉杆、支撑等材料，必须边拆、边清、边运、边码垛。模板拆除后其临时堆放处离楼层边沿不应小于 1 米，堆放高度不得超过 1 米，楼层边口、通道口、脚手架边缘严禁堆放任何拆下物件。

二、钢筋施工安全技术

（一）钢筋现场运输安全技术

1. 人工搬运钢筋时，步伐要一致。防止碰撞物体或打击人身，特别防止碰挂周围和上下的电线。

2. 人工垂直传递钢筋时，送料人应站立在牢固平整的地面或临时构筑物上，接料人应有护身栏杆或防止前倾的牢固物体，必要时挂好安全带。

3. 机械垂直吊运钢筋时，应捆扎牢固，吊点应设在钢筋束的两端。起吊时钢筋要平稳上升，不得超重起吊。起吊钢筋或钢筋骨架时，下方禁止站人。

4. 严禁钢筋靠近高压线路，钢筋与电源线路应保持安全距离。

（二）钢筋加工安全技术

1. 作业前必须检查加工机械设备、作业环境、照明设施等，并且试运行以保证安全装置齐全有效。电动机械的电闸箱必须按规定安装漏电保护器，并应灵敏有效。

2. 钢筋加工场地应由专人看管，非钢筋加工制作人员不得擅自进入加工场地。

3. 操作人员作业时必须扎紧袖口、整好衣角、扣好衣扣，严禁戴手套（除钢筋焊接外）。女工应戴工作帽，将头发挽入帽内不得外露。

4. 机械运行中停电时，应立即切断电源。下班后应按顺序停机、拉闸断电，锁好闸箱门，清理作业场所。电路故障必须由专业电工排除。

（三）钢筋绑扎安装安全技术

1. 在高处（2 米以上）、深坑绑扎钢筋和安装钢筋骨架时，必须搭设脚手架或操作平台，临边应搭设防护栏杆。绑扎圈梁、外墙、边柱钢筋时，应按规定挂好安全网。

2. 绑扎立柱和墙体钢筋时，不得站在钢筋骨架上或攀登骨架上下。

3. 在高处楼层上拉钢筋或钢筋调向时，必须事先观察运行上方或周围附近是否有高压线，严防碰触。

三、混凝土施工安全技术

（一）混凝土浇筑安全技术

1. 施工人员应严格遵守混凝土作业安全操作规程。振捣设备应安全可靠，电源线不得破皮漏电，开关箱内必须装设漏电保护器，以防发生触电事故。

2. 垂直运输混凝土采用专用吊斗时，吊环应牢固可靠，吊索、吊具应符合起重机械安全规程要求。

3. 浇筑高度 2 米以上的框架梁、柱、雨篷、阳台的混凝土时，应搭设操作平台，并有安全防护措施。严禁站在模板或支撑上操作，更不得直接在钢筋上踩踏、行走。

4. 采用泵送混凝土进行浇筑时，应由 2 名以上人员牵引布料杆。输送管的接头应紧密不漏浆，安全阀完好，管架应安装牢固，输送前应进行试送，检修时必须卸压。

（二）混凝土养护安全技术

1. 洒水养护混凝土时，预留孔洞必须按规定设牢固盖板或围栏，并设安全标志。

2. 使用电热法养护应设警示牌、围栏。无关人员不得进入养护区域。

四、钢筋加工冷拉

1. 作业前，必须检查卷扬机、钢丝绳、地锚、钢筋夹具、电气设备等，确认安全后方可作业；

2. 冷拉时，应设专人值守，操作人员必须位于安全地带，钢筋两侧 3 米以内及冷拉线两端严禁有人，严禁跨越钢筋和钢丝绳，冷拉场地两端地锚以外应设置警戒区，装设防护挡板及警告标志；

3. 卷扬机运转时，严禁人员靠近冷拉钢筋和牵引钢筋的钢丝绳；

4. 运行中出现滑脱、绞断等情况时，应立即停机；

5. 冷拉速度不宜过快，在基本拉直时应稍停，检查夹具是否牢固可靠，严格按安全技术交底表要求控制伸长值；

6. 冷拉完毕，必须将钢筋整理平直，不得相互乱压和单头挑出，未拉盘筋的引头应盘住，机具拉力部分均应放松再装夹具；

7. 维修或停机，必须切断电源，锁好箱门。

（一）切断

1. 操作前必须检查切断机刀口，确定安装正确、刀片无裂纹、刀架螺栓紧固、防护罩牢靠、空运转正常后再进行操作。

2. 钢筋切断应在调直后进行，断料时要握紧钢筋，带肋钢筋一次只能切断一根。

3. 切断钢筋，手与刀口的距离不得小于15厘米。断短料手握端小于40厘米时，应用套管或夹具将钢筋短头压住或夹住，严禁用手直接送料。

4. 机械运转中严禁用手直接清除刀口附近的断头和杂物，在钢筋摆动范围内和刀口附近，非操作人员不得停留。

5. 发现机械运转异常、刀片歪斜等，应立即停机检修。

6. 作业时应摆直、紧握钢筋，应在活动切口向后退时送料入刀口，并在固定切刀一侧压住钢筋，严禁在切刀向前运动时送料，严禁两手同时在切刀两侧握住钢筋俯身送料。

7. 作业中严禁进行机械检修、加油、更换部件，维修或停机时，必须切断电源、锁好箱门。

（二）弯曲

1. 工作台和弯曲工作盘台应保持水平，操作前应检查芯轴、成型轴、挡铁轴、可变挡架有无裂纹或损坏，防护罩牢固可靠，经空运转确认正常后，方可作业；

2. 操作时要熟悉倒顺开关控制工作盘旋转的方向，钢筋放置要和挡架、工作盘旋转方向相配合，不得放反；

3. 改变工作盘旋转方向时，必须在停机后进行，即从正转—停—反转，不得直接从正转—反转或从反转—正转；

4. 弯曲机运转中严禁更换芯轴、成型轴和变换角度及调速，严禁在运转时加油或清扫；

5. 弯曲钢筋时，严格依据使用说明书要求操作，严禁超过该机对钢筋直径、根数及机械转速的规定；

6. 严禁在弯曲钢筋的作业半径内和机身不设固定销的一侧站人；

7. 弯曲未经冷拉或有锈皮的钢筋时，必须戴护目镜及口罩；

8. 作业中不得用手清除金属屑，清理工作必须在机械停稳后进行；

9. 检修、加油、更换部件或停机，必须切断电源、锁好箱门。

（三）钢筋运输

1. 作业前应检查运输道路和工具，确认安全。

2. 搬运钢筋人员应协调配合、互相呼应；搬运时必须按顺序逐层从上往下取运，严禁从下抽拿。

3. 运输钢筋时，必须事先观察运行上方或周围附近是否有高压线，严防碰触。

4. 运输较长钢筋时，必须事先观察清楚周围的情况，严防发生碰撞。

5. 使用手推车运输时，应平稳推行，不得抢跑，空车应让重车；卸料时，应设挡掩，不得撒把倒料。

6. 使用汽车运输，现场道路应平整坚实，必须设专人指挥。

7. 用塔吊吊运时，吊索具必须符合起重机械安全规程要求，短料和零散材料必须用容器吊运。

（四）成品码放

1. 严禁在高压线下码放材料；

2. 材料码放场地必须平整坚实，不积水；

3. 加工好的成品钢筋必须按规格尺寸和形状码放整齐，高度不超过 150 厘米，并且下面要垫枕木，标识清楚；

4. 弯曲好的钢筋码放时，弯钩不得朝上；

5. 冷拉过的钢筋必须将钢筋整理平直，不得相互乱压和单头挑出，未拉盘筋的引头应盘住；

6. 散乱钢筋应随时清理堆放整齐；

7. 材料分堆分垛码放，不可分层叠压；

8. 直条钢筋要按捆成行叠放，端头一致平齐，应控制在三层以内，并且设置防倾覆、滑坡设施。

五、钢筋焊接

（一）一般规定

1. 金属焊接作业人员，必须经专业安全技术培训，考试合格，持特种作业操作证方准上岗独立操作。非电焊工严禁进行电焊作业。

2. 操作时应穿电焊工作服、绝缘鞋和戴电焊手套、防护面罩等安全防护用品，高处作业时系安全带。

3. 电焊作业现场周围 10 米范围内不得堆放易燃易爆物品。

4. 雨、雪、风力六级以上（含六级）天气不得露天作业。雨、雪后应清除积水、积雪后方可作业。

5. 操作前应首先检查焊机和工具，如焊钳和焊接电缆的绝缘焊机外壳保护接地和焊机的各接线点等，确认安全合格方可作业。

6. 严禁在易燃易爆气体或液体扩散区域内、运行中的压力管道和装有易燃易爆物品的容器内以及受力构件上焊接和切割。

7. 焊接曾储存易燃、易爆物品的容器时，应根据介质进行多次置换及清洗，并打开所有孔口，经检测确认安全后方可施焊。

8. 在密封容器内施焊时，应采取通风措施。间歇作业时焊工应到外面休息。容器内照明电压不得超过 12 伏。焊工身体应用绝缘材料与焊件隔离。焊接时必须设专人监护，监护人应熟知焊接操作规程和抢救方法。

9. 焊接铜、铝、铅、锌合金金属时，必须穿戴防护用品，在通风良好的地方作业。在有害介质场所进行焊接时，应采取防毒措施，必要时进行强制通风。

10. 施焊地点潮湿或焊工身体出汗后而使衣服潮湿时，严禁靠在带电钢板或工件上，焊工应在干燥的绝缘板或胶垫上作业，配合人员应穿绝缘鞋或站在绝缘板上。

11. 焊接时临时接地线头严禁浮搭，必须固定、压紧，用胶布包严。

12. 操作时遇下列情况必须切断电源：

（1）改变电焊机接头时。

（2）更换焊件需要改接二次回路时。

（3）转移工作地点搬动焊机时。

（4）焊机发生故障需进行检修时。

（5）更换保险装置时。

（6）工作完毕或临时离开操作现场时。

13. 高处作业必须遵守下列规定：

（1）必须使用标准的防火安全带，并系在可靠的构架上。

（2）必须在作业点正下方5米外设置护栏，并设专人监护。必须清除作业点下方区域易燃、易爆物品。

（3）必须戴盔式面罩。焊接电缆应绑紧在固定处，严禁绕在身上或搭在背上作业。

（4）焊工必须站在稳固的操作平台上作业，焊机必须放置平稳、牢固，设有良好的接地保护装置。

14. 操作时严禁焊钳夹在腋下去搬被焊工件或将焊接电缆挂在脖颈上。

15. 焊接时二次线必须双线到位，严禁借用金属管道、金属脚手架、轨道及结构钢筋做回路地线。焊把线无破损，绝缘良好。焊把线必须加装电焊机触电保护器。

16. 焊接电缆通过道路时，必须架高或采取其他保护措施。

17. 焊把线不得放在电弧附近或炽热的焊缝旁。不得碾轧焊把线。应采取防止焊把线被尖利器物损伤的措施。

18. 清除焊渣时应佩戴防护眼镜或面罩。焊条头应集中堆放。

19. 下班后必须拉闸断电，必须将地线和把线分开，并确认火已熄灭方可离开现场。

（二）电焊设备

1. 电焊机必须安放在通风良好、干燥、无腐蚀介质、远离高温高湿和多粉尘的地方。露天使用的焊机应搭设防雨篷，焊机应用绝缘物垫起，垫起高度不得小于20厘米，按规定配备消防器材。

2. 电焊机使用前，必须检查绝缘及接线情况，接线部分必须使用绝缘胶布缠严，不得腐蚀、受潮及松动。

3. 电焊机必须设单独的电源开关，自动断电装置。一次线电源线长度应不大于 5 米，二次线焊把线长度应不大于 30 米。两侧接线应压接牢固，必须安装可靠防护罩。

4. 电焊机的外壳必须设可靠的接零或接地保护。

5. 电焊机焊接电缆线必须使用多股细铜线电缆，其截面应根据电焊机使用规定选用。电缆外皮应完好、柔软，其绝缘电阻不小于 1 兆欧。

6. 电焊机内部应保持清洁，定期吹净尘土。清扫时必须切断电源。

7. 电焊机启动后，必须空载运行一段时间。调节焊接电流及极性开关应在空载下进行。直流焊机空载电压不得超过 90 伏，交流焊机空载电压不得超过 80 伏。

8. 使用交流电焊机作业应遵守下列规定：

多台焊机接线时三相负载应平衡，初级线上必须有开关及熔断保护器。

电焊机应绝缘良好。焊接变压器的一次线圈绕组与二次线圈绕组之间、绕组与外壳之间的绝缘电阻不得小于 1 毫西。

电焊机的工作负荷应依照设计规定，不得超载运行。作业中应经常检查电焊机的温升，超过 A 级 60℃、B 级 80℃时必须停止运转。

9. 使用硅整流电焊机作业应遵守下列规定：

（1）使用硅整流电焊机时，必须开启风扇，运转中应无异响，电压表指示值应正常。

（2）应经常清洁硅整流器及各部件，清洁工作必须在停机断电后进行。

10. 使用氩弧焊机作业应遵守下列规定：

（1）氩气减压阀、管接头不得沾有油脂。安装后应试验，管路应无障碍、不漏气。

（2）水冷型焊机冷却水应保持清洁，焊接中水流量应正常，严禁断水施焊。

（3）高频氩弧焊机，必须保证高频防护装置良好，不得发生短路。

（4）更换钨极时，必须切断电源。磨削钨极必须戴手套和口罩。磨削下来的粉尘应及时清除。钍、铈、钨极必须放置在密闭的铅盒内保存，不得随身携带。

（5）氩气瓶内氩气不得用完，应保留 98~226 千帕。氩气瓶应直立、固定放置，不得倒放。

（6）作业后切断电源，关闭水源和气源。焊接人员必须及时脱去工作服，清洗手脸和外露的皮肤。

11. 使用二氧化碳气体保护焊机作业应遵守下列规定：

（1）作业前预热 15 分钟，开气时，操作人员必须站在瓶嘴的侧面。

（2）二氧化碳气体预热器端的电压不得高于 36 伏。

（3）二氧化碳气瓶应放在阴凉处，不得靠近热源。最高温度不得超过 30℃，并应放置牢靠。

（4）作业前应进行检查，焊丝的进给机构、电源的连接部分、二氧化碳气体的供应系统以及冷却水循环系统均应符合要求。

12. 使用埋弧自动、半自动焊机作业应遵守下列规定：

（1）作业前应进行检查，送丝滚轮的沟槽及齿纹应完好，滚轮、导电嘴（块）必须接触良好，减速箱油槽中的润滑油应充量合格。

（2）软管式送丝机构的软管槽孔应保持清洁，定期吹洗。

13. 焊钳和焊接电缆应符合下列规定：

（1）焊钳应保证任何斜度都能夹紧焊条，且便于更换焊条。

（2）焊钳必须具有良好的绝缘、隔热能力。手柄绝热性能应良好。

（3）焊钳与电缆的连接应简便可靠，导体不得外露。

（4）焊钳弹簧失效，应立即更换。钳口处应经常保持清洁。

（5）焊接电缆应具有良好的导电能力和绝缘外层。

（6）焊接电缆的选择应根据焊接电流的大小和电缆长度，按规定选用较大的截面积。

（7）焊接电缆接头应采用铜导体，且接触良好、安装牢固可靠。

六、钢筋绑扎与安装

（一）钢筋绑扎

1. 绑扎基础钢筋，应按规定安放钢筋支架、绑扎凳，铺设走道板（脚手板）。

2. 在高处（2 米以上含 2 米）绑扎立柱和墙体钢筋时，不得站在钢筋骨架上或攀登骨架上下，必须搭设脚手架或操作平台和马道。脚手架应搭设牢固，作业面脚手板要满铺、绑牢，不得有探头板、非跳板，临边应搭设防护栏杆和支挂安全网。

3. 绑扎圈梁、挑梁、挑檐、外墙和边柱等钢筋时，应站在脚手架或操作平台上作业。

4. 脚手架或操作平台上不得集中码放钢筋，应随使用随运送，不得将工具、箍筋或短钢筋随意放在脚手架上。

5. 严禁从高处向下方抛扔或从低处向高处投掷物料。

6. 在高处楼层上拉钢筋或钢筋调向时，必须事先观察运行上方或周围附近是否有高压线，严防碰触。

7. 绑扎钢筋的绑丝头，应弯回至骨架内侧，暂停绑扎时，应检查所绑扎的钢筋或骨架，确认连接牢固后方可离开现场。

8. 六级以上强风和大雨、大雪、大雾天气必须停止露天高处作业。在雨、雪后和冬季，露天作业时必须先清除水、雪、霜、冰，并采取防滑措施。

9. 要保持作业面道路通畅，作业环境整洁。

10. 作业中出现不安全险情时，必须立即停止作业，撤离危险区域，报告领导解决，严禁冒险作业。

（二）钢筋安装

1. 利用机械吊装钢筋骨架时，应有专人指挥，骨架下严禁站人。骨架降落到作业面上 1 米以内时，方向扶正就位，检查无误后方可摘钩。

2. 高空安装钢筋骨架，必须搭好脚手架，不允许以墙或升降运输车斗代替脚手架。现场操作人员不得穿硬底和打钉易滑的鞋，工具放在工具袋内，传递物品禁止抛掷，以防滑落伤人。

3. 作业面需要照明时，应选好低压安全电源。设备机具必须做好绝缘处理。

4. 尽可能避免在高处修整、调直粗的钢筋，必须进行这种操作时，操作人员要系好安全带，选好位置。人站稳后再操作。

5. 在吊装钢筋骨架时，不要碰撞脚手架、电线等物品。

6. 钢筋绑扎安装完毕至混凝土浇筑完成前，不准在钢筋成品上行车走人，对于各种原因引起的钢筋变形、位移，要及时修整。

七、钢筋工程冬期施工

1. 一般规定

（1）钢筋调直冷拉温度不宜低于 -20℃。预应力钢筋张拉温度不宜低于 -15℃。

（2）钢筋负温焊接，可采用闪光对焊、电弧焊、电渣压力焊等方法。当采用细晶粒热轧钢筋时，其焊接工艺应经试验确定。当环境温度低于 -20℃时，不宜进行施焊。

（3）负温条件下使用的钢筋，施工过程中应加强管理和检验，钢筋在运输和加工过程中应防止撞击和刻痕。

（4）钢筋张拉与冷拉设备、仪表和液压工作系统油液应根据环境温度选用，并应在使用温度条件下进行配套校验。

（5）当环境温度低于 -20℃时，不得对 HRB400 钢筋进行冷弯加工。

2. 钢筋负温焊接

（1）雪天或施焊现场风速超过三级焊接时，应采取遮蔽措施，焊接后未冷却的接头应避免碰到冰雪。

（2）热轧钢筋负温闪光对焊，宜采用预热—闪光焊或闪光—预热闪光焊工艺。钢筋端面比较平整时，宜采用预热—闪光焊；端面不平整时，宜采用闪光—预热闪光焊。

（3）钢筋负温闪光对焊工艺应控制热影响区长度。焊接参数应根据当地气温按常温参数调整。采用较低变压器级数，宜增加调整长度、预热留量、预热次数、预热间歇时间和预热接触压力，并宜减慢烧化过程的中期速度。

（4）钢筋负温电弧焊宜采取分层控温施焊。热轧钢筋焊接的层间温度宜控制在 150℃ ~350℃。

（5）钢筋负温电弧焊可根据钢筋牌号、直径、接头形式和焊接位置选择焊条和焊接电流。焊接时应采取防止产生过热、烧伤、咬边和裂缝等措施。

（6）钢筋负温帮条焊或搭接焊的焊接工艺应符合下列规定：

1）帮条与主筋之间应采用四点定位焊固定，搭接焊时应采用两点固定；定位焊缝与帮条或搭接端部的距离不应小于 20 毫米。

2）帮条焊的引弧应在帮条钢筋的一端开始，收弧应在帮条钢筋端头上，弧坑应填满。

3）焊接时，第一层焊缝应具有足够的熔深，主焊缝或定位焊缝应熔合良好；平焊时，第一层焊缝应先从中间运弧，再向两端运弧；立焊时，应先从中间向上方运弧，再从下端向中间运弧；在以后各层焊缝焊接时，应采用分层控温施焊。

4）帮条接头或搭接接头的焊缝厚度不应小于钢筋直径的 30%，焊缝宽度不应小于钢筋直径的 70%。

（7）钢筋负温坡口焊的工艺应符合下列规定：

1）焊缝根部、坡口端面以及钢筋与钢垫板之间均应熔合，焊接过程中应经常除渣；

2）焊接时，宜采用几个接头轮流施焊；

3）加强焊缝的宽度应超出 V 形坡边缘 3 毫米，高度应超出 V 形坡口上下边缘 3 毫米；并应平缓过渡至钢筋表面；

4）加强焊缝的焊接，应分两层控温施焊。

（8）HRB400 钢筋多层施焊时，焊后可采用回火焊道施焊，其回火焊道的长度应比前一层焊道的两端缩短 4~6 毫米。

（9）钢筋负温电渣压力焊应符合下列规定：

1）电渣压力焊宜用于 HRB400 热轧带肋钢筋；

2）电渣压力焊机容量应根据所焊钢筋直径选定；

3）焊剂应存放于干燥库房内，在使用前经 250℃ ~300℃烘焙 2 小时以上；

4）焊接前，应进行现场负温条件下的焊接工艺试验，经检验满足要求后方可正式作业；

5）焊接完毕，应停歇 20 秒以上方可卸下夹具回收焊剂，回收的焊剂内不得混入冰雪，接头渣壳应待冷却后清理。

第六章 绿色施工管理

绿色施工是指在保证质量、安全等基本要求的前提下，通过科学管理和技术的进步，最大限度地节约资源，减少对环境的负面影响，实现“四节一环保”（节能、节材、节水、节地和环境保护）的建筑工程施工活动。绿色施工要求以资源的高效利用为核心，以环境保护优先为原则，追求高效、低耗、环保，统筹兼顾，实现经济、社会、环境综合效益最大化的施工模式。在工程项目的施工阶段推行绿色施工主要包括选择绿色施工方法、采取节约资源措施、预防和治理施工污染、回收与利用建筑废料四个方面。

要实现绿色施工，实施和保证绿色施工管理尤为重要。绿色施工管理主要包括组织管理、规划管理、目标管理、实施管理和评价管理五大方面。以传统施工管理为基础，文明施工、安全管理为辅助，实现绿色施工目标为目的，在技术进步的同时，完善包含绿色施工思想的管理体系和方法，用科学的管理手段实现绿色施工。

第一节 绿色施工创新管理的实施

当前我国绿色施工的实施主体是建筑企业，但部分建筑企业没有把绿色施工能力作为企业的竞争力，未能充分运用科学的管理方法、采取切实有效的行动做到保护环境、节约能源，只注重按施工合同、图纸和技术要求、项目计划及项目预算完成项目各项目标，只关心质量、安全、工期和成本，而较少涉及绿色施工。

一、建筑节能与绿色施工管理的必要性

“低碳经济”成为世界生态文明建设的重要举措，而建筑行业是社会建设不可或缺的一部分，对其进行建筑节能和绿色施工管理具有一定的必要性。

1. 提高城市的硬环境水平

建筑落实绿色节能施工，是提高城市硬环境水平的重要方法。目前建筑行业施工对城市硬环境影响表现为施工灰尘、噪声、压占绿化带、水土流失等。譬如道路的开挖，影响局部的生态环境，而施工过程中产生的噪声和灰尘将影响周边居住人群的生活环境，泥土车带泥驶出也会造成路面的污染。这些施工的环境污染问题，在一定程度上侵蚀了城市的环境质量，如果没有从建筑节能和绿色施工的角度综合考虑施工污染问题，城市硬环境水

平的提高将无从谈起。

2. 带动城市的良性发展

城市的发展以科学发展观作为指导，对环境的保护要求越来越高，我们要正确认识生态环境和经济发展之间的关系，在基础建设当中大力推行节能建筑和绿色施工管理做法，重视环境建设的保护工作，有利于刺激地区建筑行业的招商引资。反之，如果我们过重地强调建设，而忽略环境建设的保护，所造成的经济损失程度将远远大于建筑工程所带来的经济发展程度，对于城市的良性发展，起到了遏制的作用。

3. 带动建筑企业的可持续发展

建筑行业的绿色施工，是建筑节能并提高综合效益的重要举措。绿色施工的主体是建筑企业，通过编制绿色施工方案实施建筑环境保护、节能等措施。这些措施可以为工程建设节约成本，进而转化成为企业的经济效益和社会效益。另外是企业通过保护环境解决灰尘污染、噪声污染、水污染、土壤污染、垃圾污染等问题，以及保护资源等，树立企业良好的社会形象，形成企业可持续发展的综合效益。

二、绿色施工管理策略

1. 组织管理

（1）加强可持续发展的绿色施工理念的宣传和培训

要加强绿色施工的宣传和培训，引导企业职工对绿色施工的认识。加强对技术和管理人员及一线技术人员的分类培训，通过培训使企业职工能正确全面理解绿色施工，充分认识绿色施工的重要性，熟悉掌握绿色施工的要求、原则、方法，增强推行绿色施工的责任感和紧迫感，尽早保障绿色施工的实施效率。

（2）制定企业绿色施工管理制度

结合企业自身特点和工程施工特点，系统考虑质量、环境、安全和成本之间的相互关系和影响，制定企业绿色施工的管理制度，并建立以项目经理为首的绿色施工绩效考核制度，形成企业自身绿色施工管理标准及实施指南。

（3）成立企业和项目部绿色施工管理机构

指定绿色施工管理人员和监督人员，明确各级管理人员职责，严格按照企业制度进行管理。

（4）建立绿色施工评价指标体系

考虑各施工阶段、影响因素的重要性程度，参照相关绿色施工评价体系，制定企业自身单位工程绿色施工评价方法与评价体系。绿色施工还需要建立一个以建设单位为协调单位，设计、施工、监理等单位参与的“横向”管理体系。建设单位应向设计、施工单位明确绿色建筑设计及绿色施工的具体要求，并提供场地、环境、工期等保障条件，组织协调参建各方的绿色施工管理工作；设计单位应在材料选用等方面参照绿色建筑的设计标准和要求，主动向施工单位做整体设计交底，监理单位应对建设工程的绿色施工管理承担监督责任，审查总体方案中的绿色施工方案及具体施工措施，并要在实施中做好监督检查工作。

2. 实施管理

（1）明确控制要点

结合工程项目特点和施工过程，明确绿色施工控制要点目标及现场施工过程控制目标等，强化管理人员对控制目标的理解，将控制目标作为实际管理操作的限值进行管理。

（2）实施动态管理

在施工过程中收集各个阶段绿色施工控制的实测数据，并定期将实测数据与控制目标进行比较，出现问题时，应分析原因，从组织、管理、经济、技术等方面制定纠偏和预防措施并予以实施，逐步实现绿色施工管理目标。

（3）制定专项管理措施

根据绿色施工控制要点，制定各阶段绿色施工具体保证措施，如节水措施、节材措施、节能与节地措施、环保措施、人员安全与健康措施等，并加强对一线管理人员和操作人员的宣传教育。目前，大型企业都有自己的绿色施工管理规程，但关键是落实。工程管理人员必须把绿色施工的各项要求落实到工地管理、工序管理、现场管理等各项管理中。只有参与施工的各方都按绿色施工的要求去做，抓好绿色施工的每个环节，才能不断提高绿色施工的水平。

3. 技术管理

（1）结合“四节一环保”制定专项技术管理措施

将“四节一环保”及相关的绿色施工技术要求融入分部、分项工程施工工艺标准中，增加节材、节能、节水和节地的基本要求和具体措施。细化施工安全、保护环境的措施，满足绿色施工的要求。

（2）大力推广应用绿色施工新技术

企业要建立创新的激励机制，加大科技投入，大力推进绿色施工技术的开发和研究，要结合工程组织科技攻关，不断增强自主创新能力，推广应用新技术、新工艺、新材料、新设备。大型施工企业要逐步更新机械设备，发展施工图设计，把设计与施工紧密地结合起来，形成具有企业特色的专利技术。中小企业要积极引进、消化、应用先进技术和管理经验。

（3）应用信息化技术，提高绿色施工管理水平

发达国家绿色施工采取的有效方法之一是信息化（情报化）施工，这是一种依靠动态参数（作业机械和施工现场信息）实施定量动态（实时）施工管理的绿色施工方式。施工中工作量是动态变化的，施工资源的投入也将随之变化。要适应这样的变化，必须采用信息化技术，依靠动态参数，实施定量动态的施工管理，以最少的资源投入完成工程任务，达到高效、低耗、环保的目的。

绿色施工创新管理需要在工程项目中明确绿色施工的任务，在施工组织设计、绿色施

工专项方案中做好绿色施工策划，在项目运行中有效实施并全过程监控绿色施工，在绿色施工中严格按照PDCA循环（Plan-Do Check Action）持续改进，最终保障绿色施工取得成效。

在工程项目建设中实施绿色施工需要将绿色施工的理念、思想方法贯穿于整个工程施工的全过程，确保在施工过程中能够更好地提高资源利用率和保护环境。绿色施工需要遵守现行的法律、法规和合同，满足顾客及其他方的相关要求，持续改进实现绿色施工承诺；绿色施工管理应适合工程的施工特点和本单位的实际情况。绿色施工管理能为制定管理目标和指标提供总体要求，其所对应的制定过程应该以文件、会议、网络等形式与员工协商，形成正式文件并予以发布，通过墙报、网站等多种形式进行广泛宣传，传达到全体员工。

工程项目要在绿色施工管理方针的指导下，根据企业和项目的实际情况制定具体的绿色施工目标，明确绿色施工任务，进行绿色施工策划、实施、控制和评价，通过对施工策划、材料采购、现场施工、工程验收等各个关键环节加强控制，实现绿色施工目标和任务。

绿色施工所对应的主要任务由以下五方面组成：环境保护；节材与材料资源利用；节水与水资源利用；节能与能源利用；节地与施工用地保护。其中：环境保护可分解为扬尘控制、噪声振动控制、光污染控制、水污染控制、建筑垃圾控制、土壤保护、地下设施文物和资源保护；节材与材料资源利用主要包括节材措施，材料资源利用有结构材料、维护材料、装饰装修材料、周转材料等；节水与水资源利用主要包括提高用水效率、非传统水源利用和安全用水等方面；节能与能源利用主要包括机械设备与机具的节能，生产、生活及办公临时设施和施工用电及照明的节能；节地与施工用地保护主要包括临时用地指标、临时用地保护和施工总平面布置三方面任务。

以上五方面涵盖了绿色施工的基本内容，同时包括施工策划、材料采购、现场施工、工程验收等各阶段指标的子集，而绿色施工管理运行系统包括绿色施工策划、绿色施工实施、绿色施工评价等环节，其内容涉及绿色施工组织管理、规划管理、实施管理、评价管理和人员安全与健康管理等若干方面。

绿色施工策划主要是在明确绿色施工目标和任务的基础上，进行绿色施工组织管理和绿色施工实施的策划，必须明确其所对应的指导思想、绿色施工的影响因素、组织管理策划和所对应的策划文件等内容。

以推进绿色施工实施为目标，将实现绿色施工的各项目标及责任进行分解，建立“横向到边”和“纵向到底”的岗位责任体系，建立责任落实与实施的考核节点，建立目标实现的激励制度。结合绿色施工评价的要求，通过项目目标管理的若干环节控制以促使绿色施工落实。该方式任务明确，强调自我管理与控制，来形成良好的激励机制，有利于绿色施工齐抓共管和全员参与，但尚需建立完整的考核与沟通机制，以便实现绿色施工本身的要求。

绿色施工主要是针对资源节约和环境保护等要素进行的施工活动，在施工中传统的材料管理、施工组织设计等环节比较重视对资源的节约，但对绿色施工要求的资源高效利用和有效保护的重视是不够的，特别是对绿色施工强调的施工现场及周边环境保护和场内外工作人员安全、健康顾及较少，而将绿色施工监管的责任落实到质量安全管理部门的做法具有一定的借鉴性。因此，将环境管理的职责明确到安全部门的责任分配方式，相比较成立“绿色施工委员会”的方式，可使得责任更加清晰，相应的管理任务更能得到清晰的贯彻和落实，因此，采用这样的组织责任分配方式更加合理，但该方式存在着横向沟通弱、相关方参与不充分的缺陷。

项目中成立“绿色施工委员会”，可以广泛吸纳项目各相关方的参与，在各部门中任命相关绿色施工联系人，负责对本部门绿色施工相关任务的处理，在部门内指导具体实施，对外履行和其他相关部门的沟通，将各部门不同层次的人员融入绿色施工管理中。为实现良好沟通，项目部和绿色施工管理委员会应该设置专人负责协调、沟通和监控，可以邀请外部专家作为委员会顾问，促使顺利实施。该组织方式有助于发挥部门间的协调功能，有助于民主管理且维护各方利益，有助于更好地集思广益，而存在的不足主要体现在：消耗的时间比较多；成员之间容易妥协和犹豫不决；职责分离易导致责任感下降；个别人的行为可能影响民主管理。同时存在着成本管理过高、职责不够清晰等缺陷，在使用过程中应辩证使用。

在实践中应根据企业和项目的组织体系特点来选择组织方式，可以探索成立“绿色施工管理委员会”，或者采取以目标管理原理为指导的组织方式与设置专职管理部门相结合的方法。

绿色施工策划融入工程项目施工整体策划体系，既可以保证绿色施工有效实施，也可以很好地保持项目策划体系的统一性。绿色施工策划文件包括两大等效体系：绿色施工专项方案体系，即传统施工组织设计结合施工方案、绿色施工专项方案、绿色施工技术交底等四部分组成；绿色施工组织设计体系，即绿色施工组织设计结合施工方案、技术交底等三部分组成。两类绿色施工策划文件各有特色，对比而言绿色施工组织设计体系有利于文件简化，可使绿色施工策划文件与传统策划文件合二为一，最终有利于绿色施工的实施。

绿色施工专项方案策划文件体系由传统工程项目策划文件与绿色施工专项方案文件简单叠加而成，实质是传统意义的施工组织设计和施工方案与绿色施工专项方案的编制分别进行，工程实施中要求项目部相关人员同时对两个文件内容进行认真研究，并形成新的技术交底文件以付诸实施，该文件体系容易造成相互矛盾与重叠的情况，客观上增加了一线施工管理的工作量，因此不利于绿色施工的高效开展。

绿色施工组织设计文件体系编制的基本思路是以传统施工组织设计的内容要求和组织结构为基础，将绿色施工的目标、原则、指导思想、内容要求及治理措施等融入其中，以形成绿色施工的一体化策划文件体系，该策划思路更有利于工程项目绿色施工的推进和实施，但将上述要素真正融入施工部署、平面布置和各个分部分项工程施工的各个环节中，还需要进行各个层面的绿色施工影响因素分析，需要建立完整的管理思路和工艺技术，该绿色施工组织设计文件的编制工作具有一定的难度，但非常实用。

绿色施工的实施是一个复杂的系统工程，需要在管理层面充分发挥计划、组织、领导和控制职能，建立系统的管理体系，明确第一责任人，持续改进，合理协调，强化检查和监督等相关内容。

面对不同的施工对象，绿色施工管理体系可能会有所不同，但其实现绿色施工过程受控的主要目的是一致的，覆盖施工企业和工程项目绿色施工管理体系的两个层面要求是不变的。因此，工程项目绿色施工管理体系应成为企业和项目管理体系有机整体的重要组成部分，包括制定、实施、评审和保障实现绿色施工目标所需的组织机构及职责分工规划活动、相关制度、流程和资源分组等，主要由组织管理体系和监督控制体系构成。

在组织管理体系中要确定绿色施工的相关组织机构和责任分工，明确项目经理为第一责任人，使绿色施工的各项工作任务由明确的部门和岗位来承担。如某工程项目为了更好地推进绿色施工，建立了一套完备的组织管理体系，成立由项目经理、项目副经理、项目总工程师为正副组长及各部门负责人构成的绿色施工领导小组，明确由组长（项目经理）作为第一责任人，全面统筹绿色施工的策划、实施、评价等工作，由副组长（项目副经理）挂帅进行绿色施工的推进、负责批次、阶段和单位工程评价组织等工作，另一副组长（项目总工程师）负责绿色施工组织设计、绿色施工方案或绿色施工专项方案的编制，指导绿色施工在工程中的实施，同时，明确由质量与安全部负责项目部绿色施工日常监督工作。根据绿色施工涉及的技术、材料、能源、机械、行政、后勤、安全、环保及劳务等各个职能系统的特点，把绿色施工的相关责任落实到工程项目的每个部门和岗位，做到全体成员分工负责齐抓共管，把绿色施工与全体成员的具体工作联系起来，系统考核、综合激励，最后取得良好效果。

绿色施工需要强化计划与监督控制，有力的监控体系是实现绿色施工的重要保障。

在管理流程上，绿色施工必须经历策划、实施、检查与评价等环节。绿色施工要经过监控，测量实施效果并提出改进意见。绿色施工是过程，过程完成后绿色施工的实施效果就难以准确测量。因此，工程项目绿色施工需要强化过程监督与控制，建立监督控制体系，体系的构建应由建设、监理和施工等单位构成，共同参与绿色施工的批次、阶段和单位工程评价及施工过程的见证。在工程项目施工中，施工方、监理方要重视日常检查和监督，依据实际状况与评价指标的要求严格控制，通过 PDCA 循环，促进持续改进，提升绿色施工实施水平，而监督控制体系要充分发挥其监控职能，使绿色施工扎实进行以保障相应目标实现。

明确项目经理是绿色施工第一负责人，以加强绿色施工管理。施工中存在的环保意识不强、绿色施工措施落实不到位等问题，是制约绿色施工有效实施的关键问题，同时应明确工程项目经理为绿色施工的第一责任人，由项目经理全面负责绿色施工，承担工程项目绿色施工推进责任。只有这样工程项目绿色施工才能落到实处，才能调动和整合项目内外资源，在工程项目部构建全项目、全员推进绿色施工的良好氛围。

为保证绿色施工目标的实现，在施工过程中要高度重视施工调度与协调管理，应对施工现场进行统一调度，统一安排与协调管理，严格按照策划方案精心组织施工，确保有计划、有步骤地实现绿色施工的各项目标。绿色施工是工程施工的“升级版”，应该特别重视施工过程的协调和调度，建立起以项目经理为核心的调度体系，及时反馈上级及建设单位的意见，处理绿色施工中出现的问题并及时加以落实和执行，实现各种现场资源的高效利用。

工程项目绿色施工总调度应由项目经理担任，负责绿色施工的总协调，确保施工过程达到绿色合格水平以上，施工现场总调度的职责包括：定期召开有建设单位、上级职能部门、设计单位、监理单位参加的协调会，解决绿色施工的疑点和难点；监督、检查含绿色施工方案的执行情况，负责人力、物力的综合平衡，促进生产活动的正常进行；定期组织召开各专业管理人员及作业班组长参加的会议，分析整个工程的进度、成本、计划、质量、安全、绿色施工的执行情况，使项目策划的内容准确落实到项目实施中；指派专人负责，协调各专业工长的工作，组织好各分部分项工程的施工衔接，协调穿插作业，保证施工的条理化和程序化；施工组织协调建立在计划和目标管理的基础之上，根据绿色施工策划文件与工程有关的经济技术文件进行，指挥调度必须准确、及时和果断；建立与建设单位、监理单位在计划管理、技术质量管理和资金管理等方面的协调配合措施。

绿色施工过程中应注重检查和监测，包括日常检查、定期检查与监测，其目的是检查绿色施工的总体实施情况、测量绿色施工目标的完成情况和效果，为后续施工提供改进和提升的依据和方向。检查与监测的手段可以是定性的，也可以是定量的。工程项目可以针对绿色施工制定季度检、月检、周检、日检等不同频率周期的检查制度，周检、日检要侧重于工长和班组长层面，月检、周检应侧重于项目部层面，季度检可侧重于企业或分公司层面，监测内容应在策划书中明确，应该针对不同监测项目建立监测制度，应采取措施保证监测数据准确，以满足绿色施工的内外评价要求。

第二节　绿色施工组织与管理

建立绿色施工管理体系就是绿色施工管理的组织策划设计，以制定系统、完整的管理制度和绿色施工的整体目标。在这一管理体系中有明确的责任分配制度，并指定绿色施工管理人员和监督人员。绿色施工要求建立公司和项目两级绿色施工管理体系。

一、绿色施工管理体系

1. 公司绿色施工管理体系

施工企业应该建立以总经理为第一责任人的绿色施工管理体系，一般由总工程师或副总经理作为绿色施工牵头人，负责协调人力资源管理部门、成本核算管理部门、工程科技管理部门、材料设备管理部门、市场经营管理部门等管理部室。

（1）人力资源管理部门：负责绿色施工相关人员的配置和岗位培训；负责监督项目部绿色施工相关培训计划的编制和落实以及效果反馈；负责组织国内和本地区绿色施工新政策、新制度在全公司范围内的宣传等。

（2）成本核算管理部门：负责绿色施工直接经济效益分析。

（3）工程科技管理部门：负责全公司范围内所有绿色施工创建项目在人员、机械、周转材料、垃圾处理等方面的统筹协调；负责监督项目部绿色施工各项措施的制定和实施；负责项目部相关数据收集的及时性、齐全性与正确性，并在全公司范围内及时进行横向对比后将结果反馈到项目部；负责组织实施公司一级的绿色施工专项检查；负责配合人力资源管理部门做好绿色施工相关政策制度的宣传并负责落实在项目部贯彻执行等。

（4）材料设备管理部门：负责监督项目部材料限额领料制度的制定和执行情况；负责监督项目部施工机械的维修、保养、年检等管理情况。

（5）市场经营管理部门：负责绿色施工分包合同的评审，将绿色施工有关条款写入合同。

2. 项目绿色施工管理体系

绿色施工创建项目必须建立专门的绿色施工管理体系。项目绿色施工管理体系不要求采用一套全新的组织结构形式，而是建立在传统的项目组织结构的基础上，要求融入绿色施工目标，并能够制定相应责任和管理目标以保证绿色施工开展的管理体系。

项目绿色施工管理体系要求在项目部成立绿色施工管理机构，作为总体协调项目建设过程中有关绿色施工事宜的机构。这个机构的成员由项目部相关管理人员组成，还可包含建设项目的其他参与方，如建设方、监理方、设计方的人员。同时要求实施绿色施工管理的项目必须设置绿色施工专职管理员，要求各个部门任命相关的绿色施工联络员，负责本部门所涉及的与绿色施工相关的职能。

二、绿色施工责任分配

1. 公司绿色施工责任分配

（1）总经理为公司绿色施工第一责任人。

（2）总工程师或副总经理作为绿色施工牵头人负责绿色施工专项管理工作。

（3）以工程科技管理部门为主，其他各管理部室负责与其工作相关的绿色施工管理工作，并配合协助其他部室工作。

2. 项目绿色施工责任分配

（1）项目经理为项目绿色施工第一责任人。

（2）项目技术负责人、分管副经理、财务总监以及建设项目参与各方代表等组成绿色施工管理机构。

（3）绿色施工管理机构开工前应制订绿色施工规划，确定拟采用的绿色施工措施并进行管理任务分工。

（4）管理任务分工，其职能主要分为四个：决策、执行、参与和检查。一定要保证每项任务都有管理部门或个人负责决策、执行、参与和检查。

（5）项目主要绿色施工管理任务分工表制定完成后，绿色施工专职管理员初审后报项目部绿色施工管理机构审定，作为项目正式指导文件下发到每一个相关部门和人员。

（6）在绿色施工实施过程中，绿色施工专职管理员应负责各项措施实施情况的协调和监控。同时在实施过程中，针对技术难点、重点，可以聘请相关专家作为顾问，以保证实施顺利。

第三节　绿色施工规划管理

一、绿色施工图纸会审

绿色施工开工前应组织绿色施工图纸会审，也可在设计图纸会审中增加绿色施工部分，从绿色施工“四节一环保”的角度，结合工程实际，在不影响质量、安全、进度等基本要求的前提下对设计进行优化，并保留相关记录。现阶段绿色施工处于发展阶段，工程的绿色施工图纸会审应该有公司一级管理技术人员参加，在充分了解工程基本情况后，结合建设地点、环境、条件等因素提出合理性设计变更申请，经相关各方同意会签后，由项目部具体实施。

二、绿色施工总体规划

1. 公司规划

在确定某工程要实施绿色施工管理后，公司应对其进行总体规划，规划内容包括：

（1）材料设备管理部门选择在距工程 500 千米范围内的绿色建材供应商数据供项目选择。

（2）工程科技管理部门收集工程周边在建项目信息，对工程临时设施建设需要的周转材料、临时道路路基建设需要的碎石类建筑垃圾以及在工程如有前期拆除工序而产生的建筑垃圾就近处理等提出合理化建议。

（3）根据工程特点，结合类似工程经验，对工程绿色施工目标设置提出合理化的建议和要求。

（4）对绿色施工要求的执证人员、特种人员提出配置要求和建议，对工程绿色施工实施提出基本培训要求。

（5）在全司范围内（有条件的公司可以在一定区域范围内），从绿色施工“四节一环保”的基本原则出发，统一协调资源、人员、机械设备等，以求达到资源消耗最少、人员搭配最合理、设备协同作业程度最高、最节能的目的。

2. 项目规划

在进行绿色施工专项方案编制前，项目部应对以下因素进行调查并结合调查结果做出绿色施工总体规划。

（1）工程建设场地内原有建筑的分布情况

1）原有建筑需拆除：要考虑对拆除材料的再利用。

2）原有建筑需保留，但施工时可以使用：结合工程情况合理利用。

3）原有建筑需保留，施工时严禁使用并要求进行保护：要制定专门的保护措施。

（2）工程建设场地内原有树木情况

1）需移栽到指定地点：安排有资质的队伍合理移栽。

2）需就地保护：制定就地保护专门措施。

3）需暂时移栽，竣工后移栽回现场：安排有资质的队伍合理移栽。

（3）工程建设场地周边地下管线及设施的分布情况

制定相应的保护措施，并考虑施工时是否可以借用，以避免重复施工。

（4）竣工后规划道路的分布和设计情况

施工道路的设置应尽量跟规划道路重合，并按规划道路路基设计进行施工，避免重复施工。

（5）竣工后地下管网的分布和设计情况

地下管道，特别是排水管网，建议一次性施工到位，施工中提前使用，避免重复施工。

（6）本工程是否同为创绿色建筑工程

确认本工程是否同为创绿色建筑工程，如果是，考虑某些绿色建筑设施，如雨水回收系统等提前建造，施工中提前使用，避免重复施工。

（7）距施工现场500千米范围内主要材料的分布情况

虽然有公司提供的材料供应建议，但项目部仍需要根据工程预算材料清单，对主要材料的生产厂家进行摸底调查，距离太远的材料考虑运输能耗和损耗，在不影响工程质量、安全、进度、美观等的前提下，可以提出设计变更建议。

（8）相邻建筑施工情况

施工现场周边是否有正在施工或即将施工的项目，从建筑垃圾处理、临时设施周转材料衔接、机械设备协同作业、临时或永久设施共用、土方临时堆场借用甚至临时绿化移栽等方面考虑是否可以合作。

（9）施工主要机械来源

根据公司提供的机械设备选型建议，结合工程现场周边环境，规划施工主要机械的来源，尽量减少运输能耗，以最高效使用为基本原则。

（10）其他

1）设计中是否有某些构配件可以提前施工到位，在施工中运用，避免重复施工。例如，高层建筑中消防主管道提前施工并保护好，用作施工消防主管道，避免重复施工；地下室消防水池在施工中用作回收水池，循环利用楼面回收水等。

2）卸土场地或土方临时堆场：考虑运土时对运输路线环境的污染和运输能耗等，距离越近越好。

3）回填土来源：考虑运土时对运输路线环境的污染和运输能耗等，在满足设计要求的前提下，距离越近越好。

4）建筑、生活垃圾处理：联系好回收和清理部门。

5）构件、部品工厂化的条件：分析工程实际情况，判断是否可能采用工厂化加工的构件或部品；调查现场附近钢筋及钢材集中加工成型、结构部品化生产、装饰装修材料集中加工，部品生产厂家的条件。

三、绿色施工专项方案

在进行充分调查后，项目部应对绿色施工制订总体规划，并根据规划内容编制绿色施工专项施工方案。

1. 绿色施工专项方案的主要内容

绿色施工专项方案是在工程施工组织设计的基础上，对绿色施工有关的部分进行具体和细化，其主要内容应包括：

（1）绿色施工组织机构及任务分工。

（2）绿色施工的具体目标。

（3）绿色施工针对“四节一环保”的具体措施。

（4）绿色施工拟采用的“四新”技术措施。

（5）绿色施工的评价管理措施。

（6）工程主要机械、设备表。

（7）绿色施工设施购置（建造）计划清单。

（8）绿色施工具体人员组织安排。

（9）绿色施工社会经济环境效益分析。

（10）施工现场布置图等。

其中：

1）绿色施工针对“四节一环保”的具体措施，结合工程实际情况，选择性采用。

2）绿色施工拟采用的“四新”技术可以是“建设事业推广应用和限制禁止使用技术公告”“全国建设行业科技成果推广项目”以及本地区推广的先进适用技术等，如果是未列入推广计划的技术，则需要另外进行专家论证。

3）主要机械、设备表需列清楚设备的型号、生产厂家、生产年份等相关资料，以方便审查方案时判断是否为国家或地方限制、禁止使用的机械设备。

4）绿色施工设施购置（建造）计划清单，仅包括为实施绿色施工专门购置（建造）的设施，对原有设施的性能提升应只计算增值部分的费用；多个工程重复使用的设施应计算其分摊费用。

5）绿色施工具体人员组织安排应具体到每一个部门、每一个专业、每一个分包队伍的绿色施工负责人。

6）施工现场布置图应考虑动态布置，以达到节地的目的，多次布置的应提供每一次的布置图，布置图上要求将噪声监测点、循环水池、垃圾分类回收池等绿色施工专属设施标注清楚。

2. 绿色施工专项方案审批要求

绿色施工专项方案要求严格按项目、公司两级审批。一般由绿色施工专职施工员进行编制，项目技术负责人审核后，报公司总工程师审批，只有审批手续完整的方案才能用于指导施工。绿色施工专项方案有必要时，考虑组织进行专家论证。

第四节　绿色施工实施管理

绿色施工专项方案和目标值确定之后，进入到项目的实施管理阶段，绿色施工应对整个过程实施动态管理，加强对施工策划、施工准备、现场施工、工程验收等各阶段的管理和监督。绿色施工的实施管理其实质是对实施过程进行控制，以达到规划所要求的绿色施工目标。通俗地说就是为实现目的进行的一系列施工活动，作为绿色施工工程，在其实施过程中，主要强调以下几点：

一、建立完善的制度体系

“没有规矩，不成方圆。”绿色施工在开工前制定了详细的专项方案，确立了具体的各项目标，在实施工程中，主要是采取一系列的措施和手段，确保按方案施工，最终满足目标要求。

二、配备全套的管理表格

绿色施工应建立整套完善的制度体系，通过制度，既约束不绿色的行为又指定应该采取的绿色措施，而且，制度也是绿色施工得以贯彻实施的保障体系。

绿色施工的目标值大部分是量化指标，因此在实施过程中应该收集相应的数据，定期将实测数据与目标值进行比较，及时采取纠正措施或调整不合理目标值。

另外，施工管理是一个过程性活动，随着工程的竣工，很多施工措施将消失不见，为了考核绿色施工效果，见证绿色施工效益，及时发现存在的问题，要求针对每一个绿色施工管理行为制定相应的管理表格，并在施工中监督填制。

三、营造绿色施工氛围

目前，绿色施工理念还没有深入人心，很多人并没有完全接受绿色施工概念，绿色施工实施管理，首先应该纠正职工的思想，努力让每一个职工把节约资源和保护环境放到一个重要的位置上，让绿色施工成为一种自觉行为。要达到这个目的，结合工程项目特点，有针对性地对绿色施工做相应的宣传，通过宣传营造绿色施工的氛围非常重要。

绿色施工要求在现场施工标牌中增加环境保护的内容，在施工现场醒目位置设置环境保护标识。

四、增强职工绿色施工意识

施工企业应重视企业内部的自身建设，使管理水平不断提高，不断趋于科学合理，并加强企业管理人员的培训，提高他们的素质和环境意识。具体应做到：

1. 加强管理人员的学习，然后由管理人员对操作层人员进行培训，增强员工的整体绿色意识，增加员工对绿色施工的承担与参与。

2. 在施工阶段，定期对操作人员进行宣传教育，如黑板报和绿色施工宣传小册子等，要求操作人员严格按已制定的绿色施工措施进行操作，鼓励操作人员节约水电、节约材料、注重机械设备的保养、注意施工现场的清洁，文明施工，不制造人为污染。

五、借助信息化技术

绿色施工实施管理可以借助信息化技术作为协助实施手段，目前施工企业信息化建设越来越完善，已建立了进度控制、质量控制、材料消耗、成本管理等信息化模块，在企业信息化平台上开发绿色施工管理模块，对项目绿色施工实施情况进行监督、控制和评价等工作能起到积极的辅助作用。

第五节　绿色施工评价管理

绿色施工管理体系中应该有自评价体系。根据编制的绿色施工专项方案，结合工程特点，对绿色施工的效果及采用的新技术、新设备、新材料和新工艺，进行自评价。自评价分项目自评价和公司自评价两级，分阶段对绿色施工实施效果进行综合评价，根据评价结果对方案、措施以及技术进行改进、优化。

绿色施工评价是衡量绿色施工实施水平的标尺，在国内从开始重视绿色施工到推出绿色施工评价标准经历了较长的阶段。可见，绿色施工评价是一项复杂的、系统性较强的工作，其贯穿于绿色施工的全过程，涉及的评价要素和评价点众多，工程项目特色各异、所处环境千差万别，且需要系统地策划、组织和实施。

1. 评价的目的

对工程项目绿色施工进行评价，其主要目的表现为：通过绿色施工评价了解单项指标和综合指标哪些方面比较突出、哪些方面存在不足，可为后续工作实现持续改进提供科学依据；借助全面评价指标体系实现对绿色施工水平的综合度量，通过单项指标的水平和综合指标水平全面度量绿色施工状态；为推进区域和系统的绿色施工，可通过绿色施工评价结果发现典型案例，进行相应的环比和评比以便强化绿色施工激励。

2. 评价的对象、主体和时间控制点

绿色施工评价的对象主要是针对房屋建筑施工过程实现环境保护、节材与材料资源利用、节水与水资源利用、节能与能源利用和节地与土地资源利用等五个要素的状态进行评价。

绿色施工评价的实施主体主要包括建设、施工和监理三方，绿色施工批次评价、阶段评价和单位工程评价分别由施工方、监理方和建设方、其他参与方来进行，在不同的评价层面上，绿色施工组织的实施主体各不相同，其用意在于体现评价的客观真实，发挥互相监督作用。

绿色施工的时间间隔应该满足绿色施工评价标准要求，并应该结合企业、项目的具体情况而确定，但至少应该达到评价次数每月一次，且每阶段不少于一次的基本要求，绿色施工的评价时间间隔主要是基于“持续改进”来考虑，针对存在的不足或问题形成特殊的改进意见，在实施过程中进行跟踪和检查，直至取得明显效果。

3. 评价的规定

绿色施工项目应符合以下规定：建立绿色施工管理体系和管理制度，实施目标管理；根据绿色施工要求进行图纸会审和深化设计；工程技术交底应该包括绿色施工内容；建立绿色施工培训制度并有实施记录；采用符合绿色施工要求的“四新”成果进行施工；施工组织设计及施工方案应有专门的绿色施工章节，绿色施工目标明确，内容涵盖“四节一环保”要求；根据检查情况，制定持续改进措施；采集和保存过程管理资料、见证资料和自检评价记录等绿色施工资料；在评价过程中应采集反映绿色施工水平的典型图片或影像资料。

发生下列事故之一，即为绿色施工不合格项目。即发生安全生产死亡责任事故；发生重大质量事故并造成严重影响的；施工过程中因“四节一环保”问题被政府管理部门处罚的；发生群体传染病、食物中毒等责任事故的；施工扰民造成严重社会影响的；违反国家有关“四节一环保”的法律法规并且造成严重社会影响的；其他较为严重的非文明施工现象。

一、绿色施工项目自评价

绿色施工自评价一般分三个阶段进行，即地基与基础工程、结构工程、装饰装修与机电安装工程阶段。原则上每个阶段不少于一次自评，且每个月不少于一次自评。

绿色施工自评价分四个层次进行：绿色施工要素评价、绿色施工批次评价、绿色施工阶段评价和绿色施工单位工程评价。

1. 绿色施工要素评价

绿色施工的要素按“四节一环保”分五大部分，绿色施工要素评价就是按这五大部分分别制表进行评价的。

2. 绿色施工批次评价

将同一时间进行的绿色施工要素评价进行加权统计，得出单次评价的总分。

3. 绿色施工阶段评价

将同一施工阶段内进行的绿色施工批次评价进行统计，得出该施工阶段的平均分。

4. 单位工程绿色施工评价

将所有施工阶段的评价得分进行加权统计，得出本工程绿色施工评价的最后得分。

二、绿色施工公司自评价

在项目实施绿色施工管理过程中，公司应对其进行评价。评价由专门的专家评估小组进行，原则上每个施工阶段都应该进行至少一次公司评价。

公司评价的表格可以采用标准表，或者自行设计更符合项目管理要求的表格。但每次公司评价后，应该及时与项目自评价结果进行对比，差别较大的工程应重新组织专家评价，找出差距原因，制定相关措施。

绿色施工评价是推广绿色施工工作中的重要一环，只有真实、准确、及时地对绿色施工进行评价，才能了解绿色施工的状况和水平，发现其中存在的问题和薄弱环节，并在此基础上进行持续改进，使绿色施工的技术和管理手段更加完善。

第六节　绿色施工人员安全与健康管理

1. 场地布置、作业条件及环境安全

（1）施工现场实行封闭式管理，围墙坚固、严密，高度不得低于 1.8 米。围墙材质使用专用金属定型材料或砌块砌筑。

（2）施工现场的大门和门柱应牢固美观，高度不得低于 2 米，大门上应标有企业标识。

（3）施工现场在大门明显处设置标志牌和企业标识。标牌应写明工程名称、面积、层数、建设单位、设计单位、施工单位、监理单位、政府监督人员及联系电话、项目经理及联系电话，开、竣工日期。标牌面积不得小于 0.7 米 ×0.5 米，字体为仿宋体，标牌底边距地面不得低于 1.2 米。

（4）施工现场大门内应有施工现场平面布置图、公共突发事件应急处置流程图和安全生产、消防保卫、环境卫生、文明施工制度板。

（5）建设单位、施工单位必须在施工现场设置群众来访接待室，有专人值班，并做好记录。

（6）施工区域、办公区域和生活区域应有明确划分，设标志牌，明确负责人。

（7）建筑工程红线外占用地须经有关部门批准，应按规定办理手续，并按施工现场的标准进行管理。

（8）施工现场临时搭建的建筑物应当符合安全使用要求，施工现场使用的装配式活动房屋应当具有产品合格证。建设工程竣工一个月内，临建设施应全部拆除。

（9）严禁在尚未竣工的建筑物内设置员工集体宿舍。

2. 材料码放

（1）施工现场内各种材料应按照施工平面图统一布置，分类码放整齐，材料标识要清晰准确。材料的存放场地应平整夯实，有排水措施。

（2）施工现场的材料保管应根据材料的特点采取相应的保护措施。

3. 卫生防疫

（1）施工现场办公区、生活区卫生工作应由专人负责，明确责任。

（2）办公区、生活区应保持整洁卫生，垃圾应存放在密闭容器内，定期灭蝇，及时清运。

（3）施工现场设置的临时食堂必须具备餐饮服务许可证、炊事人员身体健康证、卫生知识培训证。

（4）食堂和操作间内墙应抹灰，屋顶不得吸附灰尘，应有水泥抹面锅台、地面，必须设排风设施。操作间必须有生熟分开的炊具及存放橱柜。库房内应有存放各种佐料和副食的密闭器，有距墙、距地面大于 20 厘米的粮食存放台。

（5）食堂操作间和仓库不得兼作宿舍使用。

（6）食堂炊事员上岗必须穿戴洁净的工作服、帽，并保持个人卫生。

（7）施工现场应制定卫生急救措施，配备保健药箱、一般常用药品及急救器材。

4. 职业健康

（1）施工现场应在易产生职业病危害的作业岗位和设备、场所设置警示标识或警示说明。

（2）深井、地下隧道、管道施工、地下室防腐及防水作业等不能保证良好自然通风的作业区，应配备强制通风设施。

（3）在粉尘作业场所，应采取喷淋等设施降低粉尘浓度，操作人员应佩戴防尘口罩；焊接作业时，操作人员应佩戴防护面罩、护目镜及手套等个人防护用品。

（4）高温作业时，施工现场应配备防暑降温用品，合理安排作息时间。

第七章　绿色建筑的运营管理与维护

绿色建筑的目标是在满足人们各方面需求的基础上，实现绿色设计和节能减排，满足人们环境保护与降低能源消耗的需求。当前绿色建筑虽然备受建筑界的关注和欢迎，设计师也在绿色建筑方面做了一定的努力，但绿色建筑在实际的运营管理过程中也存在一定的问题，极大地影响了绿色建筑运行的质量，为此本章就绿色建筑运营管理和维护进行了分析。

第一节　绿色建筑的运营管理技术研究分析

一座绿色建筑的整个生命周期内，运营管理是保障绿色建筑性能，实现节能、节水、节材与保护环境的重要环节，我们应该处理好住户、建筑和自然三者之间的关系，它既要为住户创造一个安全、舒适的空间环境；同时又要保护好周围的自然环境，做好节能、节水、节材及绿化等工作，实现绿色建筑各项设计指标。因此，对绿色建筑的运营管理工作应该体现在建筑的整个运营过程中并引起我们高度的重视，尤其是对绿色建筑设备的运行管理与维护在绿色建筑整个生命周期内起到了至关重要的作用，即根据绿色建筑的形式、功能等要求，对建筑内的室内环境、建筑设备、门窗等因素进行动态控制，使绿色建筑在整个使用周期内有一个良性的运行，保证其“绿色”运行。但是，通常人们对绿色建筑的认识还存在误区：人们最容易想到采用节能技术达到建筑节能的目的，却往往忽略了管理上的节能潜力；通过技术改造实现节能，节能效果容易量化，但管理节能实现量化比较困难。

绿色建筑最大的特点是将可持续性和全生命周期综合考虑，从建筑的全生命周期的角度考虑和运用“四节一环保”目标和策略，实现建筑的绿色内涵，而建筑的运行阶段占整个建筑全生命时限的95%以上。可见，要实现“四节一环保”的目标，不仅要使这种理念体现在规划、设计和建造阶段，更需要提升和优化运行阶段的管理技术水平和模式，并在建筑的运行阶段得到落实。

一座环保绿色的建筑不仅要提供健康的室内空气，而且对热、冷和潮湿也要提供防护。和较好的室内空气品质一样，合适的热湿环境对建筑使用者的健康、舒适性和工作效率也非常重要，且又由于在保证对建筑使用者的健康、舒适性和工作效率的同时，还要考虑建筑及建筑设备运行时是否节能减排，由此可以确定建筑及建筑设备运行管理的原则包括以下三个方面：

1. 控制室内空气品质；

2. 控制热舒适性；

3. 节能减排。

根据建筑及建筑设备运行管理的原则和绿色建筑技术导论中提到的绿色建筑运行管理的技术要点，其管理的内容分为室内环境参数管理、建筑设备运行管理、建筑门窗管理。假设空调室外计算参数为定值时，夏季空调室内空气计算温度和湿度越低，房间的计算冷负荷就越大，系统耗能也越大。研究证明，在不降低室内舒适度标准的前提下，合理组合室内空气设计参数可以收到明显的节能效果。

随室内温度的变化，节能率呈线性规律变化，室内设计温度每提高 1℃，中央空调系统将减少能耗约 6%。当相对湿度大于 50% 时，节能率随相对湿度呈线性规律变化。由于夏季室内设计相对湿度一般不会低于 50%，所以以 50% 为基准，相对湿度每增加 5%，将节能 10%。由此在实际控制过程中，我们可以通过楼宇自动控制设备，使空调系统的运行温度和设定温度差控制在 0.5℃以内，不要盲目地追求夏季室内温度过低，冬季室内温度过高。

通常认为 20℃左右是人们最佳的工作温度；25℃以上人体开始出现一些状况的变化（皮肤温度出现升高，接下来就出汗，体力下降以及以后消化系统等发生变化）；30℃左右时，人开始心慌、烦闷；50℃的环境里人体只能忍受 1 小时。随着节能技术的应用，我们通常把室内温度，在采暖期控制在 16℃左右。制冷时期，由于人们的生活习惯，当室内温度超过 26℃时，并不一定就开空调，通常人们有一个容忍限度，即在 29℃时，人们才开空调，所以在运行期间，通常我们把室内空调温度控制在 29℃。

空气湿度对人体的热平衡和湿热感觉有重大的作用。通常在高温高湿的情况下，人体散热困难，使人感到透不过气，若湿度降低，会感到凉爽。低温高湿环境下虽说人们感觉更加阴凉，如果降低湿度，会感觉到加温，人体会更舒适。所以根据室内相对湿度标准，采暖期一般应保证在 30% 以上，制冷期应控制在 70% 以下。

室内风速对人体的舒适感影响很大。当气温高于人体皮肤温度时，增加风速可以提高人体的舒适度，但是如果风速过大，会有吹风感。在寒冷的冬季，增加风速使人感觉更冷，但是风速不能太小，如果风速过小，会产生沉闷的感觉。

根据卫生要求，建筑内必须保证有一定的新风量。但新风量取得过多，将增加新风耗能量。所以新风量应该根据室内允许的 CO_2 浓度和根据季节及时间的变化以及空气的污染情况，来控制新风量以保证室内空气的新鲜度。一般根据气候分区的不同，在夏热冬暖地区主要考虑的是通风问题，换气次数控制在 0.5 次 / 小时，在夏热冬冷地区则控制在 0.3 次 / 小时，寒冷地区和严寒地区则应控制在 0.2 次 / 小时。通常新风量的控制是智能控制，根据建筑的类型、用途、室内外环境参数等进行动态控制。

控制室内污染物的具体措施有：采用回风的空调室内应严格禁烟；采用污染物散发量

小或者无污染的“绿色”建筑装饰材料、家具、设备等要定期清洁系统设备，及时清洗或更换过滤器等；监控室外空气状况，对室外引入的新风系统应进行清洁过滤处理；提高过滤效果，超标时能及时对其进行控制；对复印机室和打字室、餐厅、厨房、卫生间等产生污染源的地方进行处理，避免建筑物内的交叉污染；必要时在这些地方进行强制通风换气。

第二节　物业管理及建筑合同能源管理的研究

一、物业管理

（一）物业管理相关概念

物业管理是绿色建筑运营管理的重要组成部分，这种工作模式在国际上已十分流行。近年来，我国一直在规范物业管理工作，并采取了各种措施，积极推进物业管理市场化的进程。但是，对绿色建筑的运营管理显得相对滞后。早期物业受其建筑功能低端的影响，物业管理的目标、服务内容等处于低级水平。许多人认为物业管理是一种低技能、低水平的劳动密集型工作，重建设、轻管理的意识普遍存在，造成物业管理始终处于一种建造功能与实际使用功能相背离的不正常状态。物业管理不仅要提供公共性的专业服务，还要提供非公共性的社区服务，因此也需要有社会科学的基础知识。

1. 绿色建筑物业管理

绿色建筑物业管理的内容，是在传统物业管理服务内容基础上的提升，更需要体现出管理科学规范、服务优质高效的特点。绿色建筑的物业管理不但包括传统意义上的物业管理中的服务内容，还应包括对节能、节水、节材、保护环境与智能化系统的管理、维护和功能提升。

绿色建筑的物业管理需要很多现代科学技术支持，如生态技术、计算机技术、网络技术、信息技术、空调技术等，需要物业管理人员拥有相应的专业知识，能够科学地运行、维修、保养环境、房屋、设备和设施。

2. 智能化物业管理

绿色建筑的物业管理应采用智能化物业管理。智能化物业管理与传统的物业管理在根本目的上没有区别，都是为建筑物的使用者提供高效优质的服务。它是在传统物业管理服务内容上的提升，主要表现在以下几个方面：

（1）对节能、节水、节材与保护环境的管理；

（2）安保、消防、停车管理采用智能技术；

（3）管理服务网络化、信息化；

（4）物业管理应用信息系统采用定量化，达到设计目标值。

发挥绿色建筑的应有功能，应重视绿色建筑的物业管理，实现绿色建筑建设与绿色建筑物业管理两者同步发展。

3. 资源管理激励机制

具有并实施资源管理激励机制，管理业绩与节约资源、提高经济效益挂钩。管理是运行节能的重要手段，然而，在过去，往往管理业绩不与节能、节约资源情况挂钩。绿色建筑的运行管理要求物业在保证建筑的使用性能以及投诉率低于规定值的前提下，实现物业的经济效益与建筑用能系统的耗能状况、用水和办公用品等的情况直接挂钩。

（二）节能、节水与节材管理

随着全球经济一体化和世界经济迅猛发展，资源和环境越来越成为全人类共同关心的重要问题和面临的严峻挑战。而我国人口众多，占世界总人口的 20%，人均资源相对不足。从能源资源情况来看，一方面能源占有量少，另一方面我国能源效率和能源利用效率较低，比世界先进水平低 10% 左右。我国在能源生产和消费过程中，引起的生态失衡和环境污染问题也日益严重。从水资源情况来看，我国人均水资源拥有量只有 2200 立方米，仅为世界平均水平的 1/4。我们要从战略发展的高度，充分认识节能、节水与节材工作的重要性和紧迫性。我们要进一步转变观念，牢牢树立起“资源意识”“节约意识”和“环境意识”，采取有效措施，切实做好节能、节水、节材和环保工作，要做到节能、节水、节材计划到位、目标到位、措施到位、激励机制和管理制度到位。

1. 制订节能、节水与节材的管理方案

物业管理公司应提交节能、节水与节材管理制度，并说明实施效果。节能管理制度主要包括：业主和物业共同制定节能管理模式；分户、分类的计量与收费；建立物业内部的节能管理机制；节能指标达到设计要求。节水管理制度主要包括：按照高质高用、低质低用的梯级用水原则，制订节水方案；采用分户、分类的计量与收费；建立物业内部的节水管理机制；节水指标达到设计要求。节材管理制度主要包括：建立建筑、设备、系统的维护制度；建立物业耗材管理制度；选用绿色材料，减少因维修带来的材料消耗。

2. 节水管理

在中国，水资源是比较匮乏的资源之一，且存在分布不均匀的现象。南水北调工程是一项倾全国之力的水利工程，为的就是调节我国水资源不足的现象，节水工程是我国成为节约型社会的一个重要部分。居民用水是政府首要保障的部分，因此，住宅小区的节水意义重大。目前小区的用水主要分为居民用水、园林绿化灌溉用水、景观用水三大部分。

（1）绿化灌溉用水节约措施

绿化率是衡量一个小区适宜居住程度的重要指标。目前大部分小区都有一定数量的绿化面积，园林绿化灌溉用水已成为小区第一用水大户。此部分节水的成功与否将较大地影响小区节水成功与否。

尽量利用小区周围的多余水资源。当前多数开发商为营造适宜的居住环境，常将物业选址于河流湖泊等自然水源附近，这种情况下，园林绿化灌溉用水应合理利用这部分水资源。物业管理公司在设计阶段，即可建议开发商在已完成土建工程的小区内增设少量地下管网，从紧邻该小区的河流中提取园林绿化灌溉用水。这样既能满足该小区绿化用水的需求，又避免了直接使用自来水灌溉带来的高额成本。紧邻河水的水质能够满足绿化要求，并优于自来水直接浇灌，能对小区内的植物产生良好作用；同时也可降低物业管理成本，减轻业主负担。

合理利用季节、天气状况，根据季节变化及实际的天气情况合理安排园林绿化的灌溉时间、方式及用水量。

（2）景观用水节约措施

随着小区内人造景观的不断采用，景观用水已成为小区内仅次于园林绿化灌溉用水的第二用水大户。开展节约型物业管理服务，使其既能充分展示现有景观，又能满足人工水体自然蒸发用水的需求。

如将景观的循环水系统与小区内园林绿化喷灌用水需求有机地结合起来，这样就既能符合景观用水的环保要求，又能满足园林绿化植被对灌溉用水中有机成分的需求。

除了关注园林绿化灌溉用水和景观用水之外，节约居民用水也值得重视。在加强节约用水宣传力度的同时，对小区内给水系统的“跑、冒、滴、漏”现象，小区物业必须加强日常的检查，发现有此类现象存在要及时维修保养，以杜绝不必要的浪费。

3. 建筑设备自动监控系统

公共建筑的空调、通风和照明系统是建筑运行中的主要能耗设备。为此，对绿色建筑内的空调通风系统冷热源、风机、水泵等设备应进行有效监测，对关键数据进行实时采集并记录，对上述设备系统按照设计要求进行可靠的自动化控制。对照明系统，除了在保证照明质量的前提下尽量减小照明功率密度外，可采用感应式或延时的自动控制方式实现建筑的照明节能运行。

4. 办公、商场类建筑耗电、冷热量等实行计量收费。以往在公建中按面积收取水、电、天然气、热等的费用，往往容易导致用户不注意节能，长明灯、长流水现象处处可见，造成了大量浪费。因此，应将此作为重点考察内容。要求在硬件方面，应该能够做到耗电和冷热量的分项、分级记录与计量，分析公共建筑各项能耗大小、发现问题所在和提出节能措施。同时，能实现按能量计量收费，这样有利于业主和用户重视节能。

（三）绿化管理

绿化管理贯穿于规划、施工及养护等整个过程，它是保证工程质量、维护建设成果的关键所在。科学规划和设计是提高绿化管理水平的前提。园林绿化设计除考虑美观、实用、经济等原则外，还须了解植物的生长习性，种植地的土壤、气候、水源水质状况等。根据实际情况进行植物配置，以减少管理成本，提高苗木成活率。在具体施工过程中，要以乡土树种为主，乔、灌、花、草合理搭配。

为使居住与工作环境的树木、花园及园林配套设施保持完好，让人们生活在一个优美、舒适的环境中，必须加强绿化管理。区内所有树木、花坛、绿地、草坪及相关各种设施，均属管理范围。

1. 制定绿化管理制度并认真执行

绿化管理制度主要包括：对绿化用水进行计量，建立并完善节水型灌溉系统；规范杀虫剂、除草剂、化肥、农药等化学药品的使用，有效避免对土壤和地下水环境的损害。

2. 采用无公害病虫害防治技术

病虫害的发生和蔓延，将直接导致树木生长质量下降，破坏生态环境和生物多样性，应加强预测预报，严格控制病虫害的传播和蔓延。增强病虫害防治工作的科学性，要坚持生物防治和化学防治相结合的方法，科学使用化学农药，大力推行生物制剂、仿生制剂等无公害防治技术，提高生物防治和无公害防治的比例，保证人畜安全，保护有益生物，防止环境污染，促进生态可持续发展。

对行道树、花灌木、绿篱定期修剪，对草坪及时修剪。及时做好树木病虫害预测、防治工作，做到树木无暴发性病虫害，保持草坪、地被的完整，保证树木较高的成活率，老树成活率达 98%，新栽树木成活率达 85% 以上。发现危树、枯死树木，及时处理。

（四）垃圾管理

城市垃圾的减量化、资源化和无害化是发展循环经济的一个重要内容。发展循环经济应将城市生活垃圾的减量化、回收和处理放在重要位置。近年来，我国城市垃圾迅速增加，城市生活垃圾中可回收再生利用的物质多，如有机物已占 50% 左右，废纸含量在 3%~12%，废塑料制品约 5%~14%。循环经济的核心是资源综合利用，而不光是原来所说的废旧物资回收。过去我们讲废旧物资回收，主要是通过废旧物资回收利用来缓解供应短缺，强调的是生产资料，如废钢铁、废玻璃、废橡胶等的回收利用。而循环经济中要实现减量化、资源化和无害化的废弃物，重点是城市的生活垃圾。

1. 制订科学合理的垃圾收集、运输与处理规划

首先要考虑建筑物垃圾收集、运输与处理整体系统的合理规划。如果设置小型有机厨房垃圾处理设施，应考虑其布置的合理性及下水管道的承载能力。其次则是物业管理公司应提交垃圾管理制度，并说明实施效果。垃圾管理制度包括垃圾管理运行操作手册、管理设施、管理经费、人员配备及机构分工、监督机制、定期的岗位业务培训和突发事件的应急反应处理系统等。

2. 垃圾容器

垃圾容器一般设在居住单元出入口附近隐蔽的位置，其外观色彩及标志应符合垃圾分类收集的要求。垃圾容器分为固定式和移动式两种，其规格应符合国家有关标准。垃圾容器应选择美观与功能兼备，并且与周围景观相协调的产品，要求坚固耐用、不易倾倒。一般可采用不锈钢、木材、石材、混凝土、GRC、陶瓷材料制作。

3. 垃圾站的景观美化及环境卫生

重视垃圾站的景观美化及环境卫生问题，用以提升生活环境的品质。垃圾站设冲洗和排水设施，存放垃圾能及时清运，不污染环境、不散发臭味。

4. 分类收集

在建筑运行过程中会产生大量的垃圾，包括建筑装修、维护过程中出现的土、渣土、散落的砂浆和混凝土，剔凿产生的砖石和混凝土碎块，还包括金属、竹木材、装饰装修产生的废料、各种包装材料、废旧纸张等。

对于宾馆类建筑还包括其餐厅产生的厨房垃圾等，这些众多种类的垃圾，如果弃之不用或不合理处理将会对城市环境产生极大的影响。为此，在建筑运行过程中需要根据建筑垃圾的来源、可否回用性质、处理难易度等进行分类，将其中可再利用或可再生的材料进行有效回收处理，重新用于生产。

垃圾分类收集就是在源头将垃圾分类投放，并通过分类清运和回收分类处理或重新变成资源。垃圾分类收集有利于资源回收利用，同时便于处理有毒有害的物质，减少垃圾的处理量，减少运输和处理过程中的成本。在许多发达国家，垃圾资源回收产业在产业结构中占有重要的位置，甚至利用法律来约束人们必须分类放置垃圾。对小区来讲，要求实行垃圾分类收集的住户占总住户数的比例达 90%。

5. 垃圾处理

处理生活垃圾的方法很多，主要有卫生填埋、焚烧、生物处理等。由于生物处理对有机厨房垃圾具有减量化、资源化效果等特点，因而得到了一定的推广应用。有机厨房垃圾生物降解是多种微生物共同协同作用的结果，将筛选到的有效微生物菌群，接种到有机厨房垃圾中，通过好氧与厌氧联合处理工艺降解生活垃圾，是垃圾生物处理的发展趋势之一。但其前提条件是实行垃圾分类，以提高生物处理垃圾中有机物的含量。

二、建筑合同能源管理

（一）建筑合同能源管理的定义与分类

建筑合同能源管理（EMC）是一种以减少的能源费用来支付节能项目全部成本的节能投资方式。能源管理合同在实施节能项目的建筑投资方与专门的节能服务公司之间签订。传统的节能投资方式表现为节能项目的所有风险和盈利都由实施节能投资的建筑投资方承担，而采用合同能源管理方式投资，通常不需要建筑投资方自身对节能项目进行大笔投资。建筑合同能源管理根据合同双方合作方式的不同，可以分为三种类型，具体如下：

1. 确保节能效益型

这种合同的实质内容是 EMC 向建筑投资方保证一定的节能量，或者是保证将用户能源费用降低或维持在某一水平上。其特点是节能量超过保证值的部分，其分配情况要根据合同的具体规定，要么用于偿清 EMC 的投资，要么属建筑投资方所有。

2. 效益共享型

效益共享合同的核心内容是 EMC 与建筑投资方按合同规定的分成方式分享节能效益。特点是在合同执行的头几年，大部分节能效益属于 EMC，从而补偿其投资及其他成本。

3. 设备租赁型

设备租赁合同采用租赁方式购买设备，在一定时期内，设备的所有权属于 EMC，收回项目改造的投资及利息后，设备再属建筑投资方所有，设备维护和运行时间可以根据合同延长到租赁期以后。其特点是设备生产商也通过 EMC 这种租赁购买设备的方式，促进其设备获得广泛应用。

一般来讲，确保节能效益型相对最安全可靠，效益共享型是相对最常使用的一种合同，设备租赁型在设备贬值并不十分突出的情况下获得了广泛应用。建筑投资方选择哪类合同要依据自身的情况而定。

（二）建筑合同能源管理的内容

建筑合同能源管理的内容包括两部分，一部分为实施条件，另一部分为运行模式。

1. 实施条件

实施条件一方面是管理基础，另一方面是合作空间。管理基础通常有较系统、完整的能源基础管理数据和管理体系，能源计量的检测率、配备率和器具完好率较高；有良好的能源计量管理基础，能源计量标准器具和能源计量器具的周检合格率高；有多年的内部动力产品的经济核算的市场运作基础，通过较小的投资可以满足各种动力与能源的核算与审计工作要求，能够取得较准确的合同能源管理需求数据，对节能措施项目进行综合评价。合作空间则是企业供能与用能的效率要有较大的提高空间，形成 EMC 实施节能项目的内在动力。具体可在以下几个方面合作：

（1）供电方面：其包括低压系统的节电、电机节电、滤波节电，低效风机更新、水泵更新改造，低压功率因素补偿等。

（2）生产设备方面：其包括主要生产工艺设备采用微机控制；开展天然气熔炼炉、还原炉、干燥箱等高效能、低成本的加热设备研发与合作。

（3）制氢系统：采用天然气制氢项目，同比目前的电解水制氢可大幅降低制氢生产成本。

（4）空调制冷系统：蓄冰制冷设备和模块化水冷冷水机组的技术更新改造，提高用冷系统运行效率、降低制冷运行成本。

（5）供热与采暖：实施目前燃煤集中供蒸汽为分散天然气小锅炉供蒸汽，以满足工艺加热温度的灵活选择，提高生产效率；实现蒸汽使用闭路循环节能技术；合理控制生产岗位采暖温度、澡堂水箱加温，提高用能效率。

（6）供水系统：应用新型全封闭式水循环复用装置，防水箱溢流的自动控制与恒压供水装置，有效节水与节电。与监测机构合作开展用水审计，提高水费回收率来偿还管网改造费用，减少跑、冒、滴、漏；采用微阻缓闭止回阀减少能源损耗。

2. 运行模式

节能服务公司（EMCo）是一种比较特殊的产业，其特殊性在于它销售的不是某一种具体的产品或技术，而是一系列的节能“服务”，也就是为客户提供节能项目，这种项目的实质是 EMCo 为客户提供节能量。EMCo 的业务活动主要包括以下内容：

（1）能源审计：EMCo 针对客户的具体情况，对各种节能措施进行评价。测定建筑当前的用能量，并对各种可供选择的节能措施的节能量进行预测。

（2）节能项目设计：根据能源审计的结果，EMCo 向客户提出如何利用成熟的技术来改进能源利用效率、降低能源成本的方案和建议；如果客户有意向接受 EMCo 提出的方案和建议，EMCo 就为客户进行项目设计。

（3）节能服务合同的谈判与签署：EMCo 与客户协商，就准备实施的节能项目签订“节能服务合同”。在某些情况下，如果客户不同意与 EMCo 签订节能服务合同，EMCo 将向客户收取能源审计和节能项目设计费用。

（4）节能项目融资：EMCo 向客户的节能项目投资或提供融资服务，EMCo 用于节能项目的资金来源有自有资金、银行商业贷款或者其他融资渠道。

（5）原材料和设备的采购、施工、安装及调试：由 EMCo 负责节能项目的原材料和设备采购，以及施工、安装和调试工作，实行“交钥匙工程”。

（6）运行、保养和维护：EMCo 为客户培训设备运行人员，并负责所安装设备 / 系统的保养和维护。

（7）节能效益保证：EMCo 为客户提供节能项目的节能量保证，并与客户共同监测和确认节能项目在项目合同期内的节能效果。

（8）EMCo 与客户分享节能效益：在项目合同期内，EMCo 对与项目有关的投入（包括土建、原材料、设备、技术等）拥有所有权，并与客户分享项目产生的节能效益。在 EMCo 的项目资金、运行成本、所承担的风险及合理的利润得到补偿之后，设备的所有权一般将转让给客户。客户最终将获得高能效设备和节约能源成本，并享受全部节能效益。

（三）发展建筑合同能源管理所面临的困难及其解决对策

尽管示范性 EMCo 公司和其他以相同模式运营的节能服务公司在全国许多省市推广，并取得了初步成效，但要在我国全面推进建筑合同能源管理，还需要全社会携手 EMCo 发展的外部环境，包括提高认识、培育业主的节能观念、调整国家政策，等等。只有当全社会清晰地认识到节能市场化的意义时，EMCo 这一产业才可能在我国迅速发展壮大。目前 EMCo 产业发展面临五大瓶颈的制约：

1. 缺乏强有力的法律支持

我国现行节能法律约束力较弱，对能源利用效率低的建筑或行为并没有明显的惩罚措施，对节能行为也缺乏明显的激励政策，特别是没有与节能的环保效益挂钩。

2. 一些正处于起步阶段的 EMCo 缺乏运营能力

EMCo 的运营机制是全新的，又比较复杂，潜在的 EMCo 或者是按 EMCo 模式运营却没有受过专业培训的节能服务公司，大多数缺乏综合技术能力、市场开拓能力、商务计划制订能力、财务管理与风险防范能力、后期管理能力等，降低了向用户提供服务的水平。

3. 建筑合同能源管理这一先进的市场节能新机制的运作，与现行企业财务管理制度存在矛盾，“先投资后回收”这一模式按现行企业财务运行模式根本无法做财务核算，目前多是进行变通处理。例如，将一台节能锅炉放在企业使用，在合同期内所有权仍属于节能公司，企业支付节能费既难进成本，又无法提折旧，让双方都很为难。

4. 资金短缺且缺乏融资能力

多数以 EMCo 模式运营的节能服务公司经济实力较弱，无力提供保证其贷款安全性的担保或抵押，又缺乏财务资信的历史记录等，获得银行支持力度较小。因资金不足，大量好的节能技改项目无法实施。

5. 部分业主缺乏诚信，阻碍了 EMCo 模式的推广

节能服务公司因为承担了绝大部分的风险，在获利时就需要将资金占用、人员费用等一系列因素都考虑进去。一些业主对此十分眼红，经常发生一次性合作，后面不再合作的事情，甚至故意不支付节能分享利润，使节能服务公司在谈判项目和实施过程中，把大量精力用在了风险控制方面。

为此，根据节能专家建议，针对出现的问题，提出了下面四种解决方法：修改现行节能法律，出台带有强制执行的措施，并与环保政策相衔接，从政策法规上引导全社会，特别是建筑投资者真正重视节能工作；建立政府节能减排基金，通过贴息、补贴、担保等方式支持企业、节能公司利用新型节能模式进行节能改造；对建筑进行能源监测，对能源消耗达不到行业标准或产品标准的建筑提出节能整改建议，限期整改；改革财务管理相关规则，允许 EMCo 中的费用进入当期产品成本，确保 EMCo 模式的正常运转。

第三节　建筑设备及建筑节能检测、计量、调试与故障诊断

一、建筑设备运行管理

（一）做好设备运行管理的基础资料工作

基础资料工作是设备管理工作的根本依据，基础资料必须正确齐全。利用现代手段，运用计算机进行管理，使基础资料电子化、网络化，活化其作用。设备的基础资料包括：

1. 设备的原始档案

其是指基本技术参数和设备价格；质量合格证书；使用安装说明书；验收资料；安装调试及验收记录；出厂、安装、使用的日期。

2. 设备卡片及设备台账

设备卡片将所有设备按系统或部门、场所编号，按编号将设备卡片汇集进行统一登记，形成一本企业的设备台账，从而反映全部设备的基本情况，给设备管理工作提供方便。

3. 设备技术登记簿

在登记簿上记录设备从开始使用到报废的全过程。包括规划、设计、制造、购置、安装、调试、使用、维修、改造、更新及报废，都要进行比较详细的记载。每台设备建立一本设备技术登记簿，做到设备技术登记及时准确齐全，反映该台设备的真实情况，用于指导实际工作。

4. 设备系统资料

建筑的物业设备都是组成系统才发挥作用的。例如中央空调系统由冷水机组、冷却泵、冷冻泵、空调末端设备、冷却塔、管道、阀门、电控设备及监控调节装置等一系列设备组成，任何一种设备或传导设施发生故障，系统都不能正常制冷。因此，除了设备单机资料的管理之外，对系统的资料管理也必须加以重视。系统的资料包括：竣工图，在设备安装、改进施工时，原则上应该按施工图施工，但在实际施工时往往会碰到许多具体问题需要变动，把变动的地方在施工图上随时标注或记录下来，等施工结束，把施工中变动的地方全部用图重新表示出来，符合实际情况，绘制竣工图，交资料室及管理设备部门保管。系统图：竣工图是整个物业或整个层面的布置图，在竣工图上各类管线密密麻麻，纵横交错，非常复杂，不熟悉的人员一时也很难查阅清楚，而系统图就是把各系统分割成若干子系统（也称分系统），子系统中可以用文字对系统的结构原理、运作过程及一些重要部件的具体位置等做比较详细的说明，表示方法灵活直观、图文并茂，使人一目了然，可以很快解决问题。并且可以把系统图绘制成大图，挂在工程部墙上强化员工的培训教育意识。

（二）合理匹配设备，实现经济运行

合理匹配设备，是建筑节能的关键。否则，匹配不合理，“大马拉小车”，不仅运行效率低下，而且设备损失和浪费都很大。在合理匹配设备方面，应注意的事项如下：

1. 要注意在满足安全运行、启动、制动和调速等方面的情况下，选择额定功率恰当的电动机，避免出现功率过大而造成的浪费和功率过小使电动机过载运行，缩短电动机寿命的现象。

2. 要合理选择变压器容量。由于使用变压器的固定费用较高且按容量计算，而且在启用变压器时也要根据变压器的容量大小向电力部门缴纳增容费。因此，合理选择变压器的容量也至关重要。选得太小，过负荷运行变压器会因过热而烧坏；选得太大，不仅增加了设备投资和电力增容等费用，同时耗损也很可观，使变压器运行效率低，能量损失大。

3. 要注意按照前后工序的需要，合理匹配各工序各工段的主辅机设备，使上下工序达到优化配置和合理衔接，实现前后工序能力和规模的和谐一致，避免因某一工序匹配过大或过小而造成资源和能源的浪费。

4. 要合理配置办公、生活设施（比如空调的选用，要根据房间面积去选择合适的空调型号和性能，否则功率过大造成浪费，功率过小又达不到效果）。

（三）动态更新设备，最大限度地发挥设备能力

设备技术和工艺落后，往往是产生性能差、消耗高、运行成本高、污染大的一个重要原因，同时对安全管理等方面也有很大影响。因此要实现节能减排，必须下决心去尽快淘汰那些能耗高、污染大的落后设备和工艺。在淘汰落后设备和技术工艺中，应注意以下事项：

1. 根据实际情况，对设备实行梯级利用和调节使用，逐步把节能型设备从开动率高的环节向使用率低的环节动态更新，把节能型设备用在开动率高的环节上，更换下来的高能耗的设备用在开动率低的环节上。这样，换下来的设备用在开动率低的环节后，虽然能耗大、效率低，但由于开动的次数少，反而比投入新设备的成本还低。

2. 要注意对闲置设备按照节能减排的要求进行革新和改造，努力盘活这些设备并用于运行中。

3. 要注意单体设备节能向系统优化节能转变，全面考虑工艺配套，使工艺设备不仅在技术设备上高起点，而且在节能上高起点。

（四）合理利用和管理设备，实现最优化利用能量

节能减排的效率和水平在很大程度上取决于设备管理水平的高低。加强设备管理是不需要投资或少投资就能收到节能减排效果的措施。在设备管理上，应注意以下事项：

1. 要把设备管理纳入经济责任制严格考核，对重点设备指定专人操作和管理。

2. 要注意削峰填谷，例如蓄冷空调。针对建筑的性质和用途以及建筑冷负荷的变化和分配规律来确定蓄冷空调的动态控制，完善峰谷分时电价、分季电价，尽量安排利用低谷电。特别是大容量的设备要尽量放在夜间运行。

3. 设备要做到在不影响使用效果的情况下科学合理使用，根据用电设备的性能和特点，因时因地因物制宜，做到能不用的尽量不用，能少用的尽量少用，在开机次数、开机时间等方面灵活掌握，严格执行主机停、辅机停的管理制度。例如，一台 115 匹分体式空调机如果温度调高 1℃，按运行 10 小时计算能节省 0.5 度，而调高 1℃，人所能感到的舒适度并不会降低。

4. 需要摸清建筑节电的潜力和存在的问题；有针对性地采取切实可行的措施挖潜降耗，坚决杜绝白昼灯、长明灯、长流水等浪费能源的现象发生，提高节能减排的精细化管理水平。

二、建筑门窗管理

绿色建筑是有效利用资源和能源、保护环境、亲和自然、舒适、健康、安全的建筑，然而实现其真正节能，我们通常就是利用建筑自身和天然能源来保障室内环境品质。基本思路是使日光、热、空气仅在有益时进入建筑，其目的是控制阳光和空气于恰当的时间进入建筑，以及储存和分配热空气和冷空气以备需要。手段则是通过建筑门窗的管理，实现其绿色的效果。

（一）利用门窗控制室内热量、采光等问题的措施

太阳通过窗口进入室内的阳光一方面增加进入室内的太阳辐射，可以充分利用昼光照明，减少电气照明的能耗，也减少照明引起的夏季空调制冷负荷，减少冬季采暖负荷。另一方面，增加进入室内的太阳辐射又会引起空调日射冷负荷的增加。针对此问题所采取的具体措施有：

1. 建筑外遮阳。为了取得遮阳效果的最大化，遮阳构件有可调性增强、便于操作及智能化控制的趋向。有的可以根据气候或天气情况调节遮阳角度；有的可以根据居住者的使用情况，自动开关，达到最有效的节能。其具体形式有遮阳卷帘、活动百叶遮阳、遮阳篷、遮阳纱幕等。

2. 窗口内遮阳。目前窗帘的选择，主要是根据住户的个人喜好来选择面料和颜色的，很少顾及节能的要求。相比外遮阳，窗帘遮阳更灵活，更易于用户根据季节天气变化来调节适合的开启方式，不易受外界破坏。内遮阳的形式有百叶窗帘、百叶窗、拉帘、卷帘等。材料则多种多样，有布料、塑料、金属、竹、木等。内遮阳也有不足的地方。当采用内遮阳的时候，太阳辐射穿过玻璃，使内遮阳帘自身受热升温。这部分热量实际上已经进入室内，有很大一部分将通过对流和辐射的方式，使室内的温度升高。

3. 玻璃自遮阳。玻璃自遮阳是利用窗户玻璃自身的遮阳性能，阻断部分阳光进入室内。玻璃自身的遮阳性能对节能的影响很大，应该选择遮阳系数小的玻璃。遮阳性能好的玻璃常见的有吸热玻璃、热反射玻璃、低辐射玻璃。这几种玻璃的遮阳系数低，具有良好的遮阳效果。值得注意的是，前两种玻璃对采光有不同程度的影响，而低辐射玻璃的透光性能良好。此外，利用玻璃进行遮阳时，必须是关闭窗户的，会给房间的自然通风造成一定的影响，使滞留在室内的部分热量无法散发出去。所以，尽管玻璃自身的遮阳性能是值得肯定的，但是还必须配合百叶遮阳等措施，才能取长补短。

4. 采用通风窗技术将空调回风引入双层窗夹层空间，带走由日射引起的中间层百叶温度升高的对流热量。中间层百叶在光电控制下可自动改变角度，遮挡直射阳光，透过散射可见光。

（二）利用门窗有组织地控制自然通风

自然通风是当今生态建筑中广泛采用的一项技术措施。它是一项久远的技术，我国传

统建筑平面布局坐北朝南，讲究穿堂风，就是自然通风、节省能源的朴素运用。只不过当现代人们再次意识到它时，才感到更加珍贵，与现代技术相结合，从理论到实践都提高到一个新的高度。在建筑设计中自然通风涉及建筑形式、热压、风压、室外空气的热湿状态和污染情况等诸多因素。自然通风可以在过渡季节提供新鲜空气和降温，也可以在空调供冷季节利用夜间通风，降低围护结构和家具的蓄热量，减少第二天空调的启动负荷。

充分的夜间通风可使白天室温低 2℃ ~4℃。在外窗不能开启和有双层或三层玻璃幕墙的建筑中，还可以利用间接自然通风，即将室外空气引入玻璃间层内，再排到室外。这种结构不同于一般玻璃幕墙，双层玻璃之间留有较大的空间，被称为“会呼吸的皮肤”。冬季，双层玻璃间层形成阳光温室，可以提高建筑围护结构表面得温度。夏季，利用烟囱效应在间层内通风，将间层内热空气带走。自然通风在生态建筑上的应用目的就是尽量减少传统空调制冷系统的使用，从而减少能耗，降低污染。

实际工程中通过对窗的自动控制可以实现自然通风的有效利用。一般办公室工作时间（8：30—17：00）空调系统开启，而下班后“人去楼空”，室外气温却开始下降，这时通过采取自然通风的运行管理模式将室内余热散去，可以为第二天的早晨提供一个清凉的办公室室内环境，不仅有利于空调节能，更有利于让有限的太阳能空调负荷发挥最佳的降温效果，使办公室在日间经历高温的时段室内温度控制在舒适范围。通过对窗的开启进行自动控制，从而实现高效的运行，既降低空调能耗又提高室内舒适性。

三、建筑节能检测、计量、调试与故障诊断

（一）节能检测

根据对建筑节能影响因素和现场检测的可实施性的分析，笔者认为，能够在试验室检测的宜在试验室检测（如门窗等作为产品在工程使用前后它的性状不会发生改变）；除此之外，只有围护结构是在建造过程中形成的，对它的检测只能在现场进行。因此建筑节能现场检测最主要的项目是围护结构的传热系数，这也是最重要的项目。如何准确测量墙体传热系数是建筑节能现场检测验收的关键。目前对建筑节能现场检测围护结构（一般测外墙和屋顶、架空地板）的传热系数的方法，主要有以下四种方法：

1. 热流计法

热流计是建筑能耗测定中的常用仪表，采用热流计及温度传感器，测量通过构件的热流和表面温度，计算得出其热阻和传热系数。其检测基本原理为：在被测部位布置热流计，在热流计周围的内外表面布置热电偶，通过导线把所测试的各部分连接起来，将测试信号直接输入电脑，给计算机数据处理，打印出热流值及温度读数。当传热过程稳定后，开始计量。为使测试结果准确，测试时应在连续采暖（人为制造室内外温差亦可）稳定至少 7 天的房间中进行。一般来讲，室内外温差越大（要求必须大于 20℃），其测量误差相对越小，所得结果亦较为精确，其缺点是受季节限制。该方法是目前国内外常用的现场测试方

法，国际标准和美国 ASTM 标准都对热流计法做了较为详细的规定。

2. 热箱法

热箱法是测定热箱内电加热器所发出的全部通过围护结构的热量及围护结构冷热表面的温度，分为标定热箱法和防护热箱法两种。

其基本检测原理是用人工制造一个一维传热环境，被测部位的内侧用热箱模拟采暖建筑室内条件并使热箱内和室内空气温度保持一致，另一侧为室外自然条件，维持热箱内温度高于室外温度 8℃以上，这样被测部位的热流总是从室内向室外传递，当热箱内加热量与通过被测部位的传递热量达到平衡时，通过测量热箱的加热量得到被测部位的传热量，经计算得到被测部位的传热系数。该方法的主要特点是：基本不受温度的限制，只要室外平均空气温度在 25℃以下，相对湿度在 60% 以下，热箱内温度大于室外最高温度 8℃以上就可以测试。

3. 红外热像仪法

红外热像仪法通过摄像仪可远距离测定建筑物围护结构的热工缺陷，测得建筑构造各种热像图表征有热工缺陷和无热工缺陷，用于在分析检测结果时做对比参考，因此只能定性分析而不能量化指标。

4. 常功率平面热源法

常功率平面热源法是非稳态法中一种比较常用的方法，适用于建筑材料和其他隔热材料热物理性能的测试。其现场检测的方法是在墙体内表面人为地加上一个合适的平面恒定热源，对墙体进行一定时间的加热，通过测定墙体内外表面的温度响应辨识出墙体的传热系数。

（二）节能计量

我国不仅单位建筑面积采暖能耗为发达国家新建建筑的 3 倍以上，而且空调系统的能耗也居高不下。事实上，造成大量能源浪费的，不仅是由于缺乏法制和监督，还在于传统的按面积缴纳热费或冷气费的做法大大地纵容了“高能耗”的行为。如果不采用市场化的“按需消费”的先进模式却沿袭“大锅饭”的陋习，寄希望于普通百姓的“高尚觉悟”来节能则注定成为“乌托邦”。要想解决该问题，建议我国供热系统和空调系统同时推广冷/热计量，不仅鼓励用户的行为节能，而且可以为公用建筑的能源审计提供便捷有效的途径，所以，要实现建筑节能，计量问题是保障。

1. 冷热计量的方式

要实现冷热计量，通常使用的方式如下：

（1）北方公用建筑可以在热力入口处安装楼栋总表；

（2）北方已有民用建筑（未达到节能标准的）可以在热力入口处安装楼栋总表，每户安装热分配表；

（3）北方新的民用建筑（达到节能标准的）可以在热力入口处安装楼栋总表，每户安装户用热能表；采用中央空调系统的公用建筑按楼层、区域安装冷 / 热表；采用中央空调系统的民用建筑按户安装冷 / 热表。

2. 采暖的计费计量

“人走灯关”是最好的收费实例，同样也是用多少电交多少费的有力佐证。分户供暖达到计量收费这一制约条件后，市民首先考虑的就是自己的经济利益，现有供热体制就是大锅饭，热了开窗将热量一放再放。如果分户供暖进而计量收费，居民就会合理设计自家的供热温度，比如，卧室休息时可以调到 20℃，平时只需 15℃即可。厨房和储藏室不用时保持在零上温度即可，客厅只需 16℃就可安全越冬，长期坚持，自然就养成了节能的好习惯。分户热计量、分室温控采暖系统的好处是水平支路长度限于一个住户之内；能够分户计量和调节供热量；可分室改变供热量，满足不同的室温要求。

3. 分户热量表

（1）分室温度控制系统装置：锁闭阀分两通式锁闭阀及三通式锁闭阀，具有调节、锁闭两种功能，内置外用弹子锁，根据使用要求，可为单开锁或互开锁。锁闭阀既可在供热计量系统中作为强制收费的管理手段，又可在常规采暖系统中利用其调节功能。当系统调试完毕即锁闭阀门，避免用户随意调节，维持系统正常运行，防止失调发生。散热器温控阀是一种自动控制散热器散热量的设备，它由两部分组成，一部分为阀体部分，另一部分为感温元件控制部分。由于散热器温控阀具有恒定室温的功能，因此主要用在需要分室温度控制的系统中。自动恒温头中装有自动调节装置和自力式温度传感器，不需任何电源长期自动工作。它的温度设定范围很宽，连续可调。

（2）热量计装置：热量表是由多部件组成的机电一体化仪表，主要由流量计、温度传感器和积算仪构成。户用热量表宜安装在供水管上，此时流经热表的水温较高，流量计量准确。如果热量表本身不带过滤器，表前要安装过滤器。热量表用于需要热计量的系统中。热量分配表不是直接测量用户的实际用热量，而是测量每个用户的用热比例，由设于楼入口的热量总表测算总热量，采暖季结束后，由专业人员读表，通过计算得出每户的实际用热量。热量分配表有蒸发式和电子式两种。

4. 空调的计费计量

能量“商品化”，按量收费是市场经济的基本要求。中央空调要实现按量收费，必须有相应的计量器具和计量方法，按计量方法的不同，目前中央空调的收费计量器具可分为直接计量和间接计量、当量能量计量法三种形式。

（1）直接计量形式：直接计量形式的中央空调计量器具主要是能量表。能量表由带信号输出的流量计、两只温度传感器和能量计算仪三部分组成。在能量表应用方面，根据流量计的选型不同，主要有三大类型，为机械式、超声波式、电磁式。

（2）间接计量形式：间接计费方法有电表计费、热水表计费等。电表计费就是通过电表计量用户的空调末端的用电量作为用户的空调用量依据来进行收费的；热水表计费就是通过热水表计量用户的空调末端用水量作为用户的空调用量依据来进行收费的。这两种间接计费方法虽简单、便宜，但都不能真正反映空调“量”的实质，中央空调要计的“量”是消耗的能量（热交换量）的多少。按这几种间接计费方法，中央空调系统能量中心的空调主机即使不运行或干脆没有空调主机，只要用户空调末端打开，都有计费，这显然是不合情理的。

（3）当量能量计量法：CFP 系列中央空调计费系统（有效果计时型）根据中央空调的应用实际情况，首先检测中央空调的供水温度，只有在供水温度大于 40℃（采暖）或小于 12℃（制冷）情况下才计时（确保中央空调“有效果”），然后检测风机盘管的电动阀状态和电机状态进行计时，但这仅仅是一个初步数据，还得利用计算机技术、微电子技术、通信技术和网络技术等，通过计费管理软件以这些数据为基础进行合理的计算得出“当量能量”的付费比例，才能作为收费依据。

综上所述，值得推荐的两种计量方式为直接能量计量（能量表）和 CFP 当量能量计量，又根据它们的特点不同，前者适用于分层、分区等大面积计量，后者适用于办公楼、写字楼、酒店、住宅楼等小面积计量。

（三）建筑系统的调试

系统的调试是重要但容易被忽视的问题。只有调试良好的系统才能够满足要求，并且实现运行节能。如果系统调试不合理，往往采用加大系统容量才能达到设计要求，不仅浪费能量，而且造成设备磨损和过载，必须加以重视。例如，有的办公楼未调试好就投入使用，结果由于水管流量大大超过应有的流量，致使主楼的高层空调水量不够，不得不在运行一台主机时开启两台水泵供水，以满足高层办公室的正常需求，造成能量浪费。并且最近几年，新建建筑的供热、通风和空调系统、照明系统、节能设备等系统与设备都依赖智能控制。然而，在很多建筑中，这些系统并没有按期望运行，这样就造成了能源的浪费。这些问题的存在使建筑调试得到了发展。

调试包括检查和验收建筑系统、验证建筑设计的各个方面、确保建筑是按照承包文件建造的，并验证建筑及系统是否具有预期功能。建筑调试的好处：在建筑调试过程中，对建筑系统进行测试和验证，以确保它们按设计运行并且达到节能和经济的效果；建筑调试过程有助于确保建筑室内空气品质的良好；施工阶段和居住后的建筑调试可以提高建筑系统在真实环境中的性能，减少用户的不满程度；施工承包者的调试工作和记录可以保证系统按照设计安装，减少了在项目完成之后和建筑整个寿命周期问题的发生，也就意味着减少了维护与改造的费用；在建筑的整个寿命周期内进行定期、每年或者每两年的再调试能保证系统连续地正常运行。因此也保持了室内空气品质，建筑再调试还能减少工作人员的抱怨并提高他们的效率，也减少了建筑业主潜在的责任。

（四）设备的故障诊断

建筑设备要具有较高的性能，除了在设计和制造阶段加强技术研究外，在运行过程中时刻保持在正常状态并实现最优化运行也是必不可少的。近来也有研究表明，商业建筑中的暖通空调系统经过故障检测和诊断调试后，能达到20%~30%的节能效果，因此，加强暖通空调系统的故障预测，快速诊断故障发生的地点和部位，查找故障发生的原因能减少故障发生的概率。一旦故障诊断系统能自动地辨识暖通空调设备及其系统的故障，并及时地通知设备的操作者，系统能得到立即的修复，就能缩减设备“带病”运行的时间，也就能缩减维修成本和不可预知的设备停机时间。因此，加强对故障的预测与监控，能够减少故障的发生，延长设备的使用寿命；同时也能够给业主提供持续的、舒适的室内环境，这对提高用户的舒适性、提高建筑的能源效率、增加暖通空调系统的可靠性、减少经济损失具有重要的意义。

1. 故障检测与诊断的定义与分类

故障检测和故障诊断是两个不同的步骤，故障检测是确定故障发生的确切地点，而故障诊断是详细描述故障是什么，确定故障的范围和大小，即故障辨识，按习惯统称为故障检测与诊断（FDD）。故障检测与诊断的分类方法很多，如按诊断的性质分，可分为调试诊断和监视诊断；如果按诊断推理的方法分，又可以分为从上到下的诊断方法和从下到上的诊断方法；如果按故障的搜索类型来分，又可以分为拓扑学诊断方法和症状诊断方法。

2. 故障检测与诊断技术在暖通空调领域的应用

目前，关于暖通空调的故障检测和诊断以研究对象来分，主要集中在空调机组和空调末端，其中又以屋顶式空调最多，主要原因是国外这种空调应用最多，另外，这个机型容量较小，比较容易插入人工设定的故障，便于实际测量和模拟故障。

3. 暖通空调故障检测与诊断的现状与发展方向

目前开发出来的主要故障诊断工具有：用于整个建筑系统的诊断工具；用于冷水机组的诊断工具；用于屋顶单元故障的诊断工具；用于空调单元故障的诊断工具；变风量箱诊断工具。但上述诊断工具都是相互独立的，一个诊断工具的数据并不能用于另一个诊断工具中。

故障诊断工具将是建筑的一个标准的操作部件。诊断学将嵌入到建筑的控制系统中去，甚至故障诊断工具将成为EMCo的一个模块。这些诊断工具可能是由控制系统生产商开发提供，也可能是由第三方的服务提供商来完成。换句话说，各个诊断工具的数据和协议将是开放的和兼容的，是符合工业标准体系的，具有极大的方便性和实用性。

第四节　既有建筑的节能改造研究

一、既有建筑节能改造的措施

针对能源浪费的主要问题，可采取以下六项技术改造措施，大致包括的内容如下：

（一）改善建筑物的外围护结构

中国建筑物的外围护结构耗能量很大，与发达国家相比，外墙耗能量是他们的 4~5 倍，屋面耗能量是他们的 2.5~5.5 倍，外窗耗能量是 1.5~2.2 倍，门、窗空气渗漏是他们的 3~6 倍。节能改造的措施是：

1. 外挂式外保温

主要是聚苯乙烯泡沫板（简称聚苯板，EPS），由于具有优良的物理性能和廉价的成本，已经在外墙外挂式技术中得到广泛的应用。该技术采用的是用黏结砂浆或者是专用的固定件将保温材料贴、挂在外墙上，然后抹抗裂砂浆，压入玻璃纤维网格布形成保护层，最后加做装饰面。在施工外保温的同时，还可以利用聚苯板做成凹进或凸出墙面的线条，及其他各种形状的装饰物，不仅施工简单，而且丰富了建筑物外立面。特别是对既有建筑进行节能改造时，不仅使建筑物获得了更好的保温隔热效果，而且可以同时进行立面改造，使既有建筑焕然一新。

2. 聚苯颗粒保温浆料外墙保温

将聚苯乙烯塑料加工破碎成 0.5~4 毫米的颗粒，作为轻集料来配制保温砂浆。包含保温层、抗裂防护层和抗渗保护面层（或是面层防渗抗裂二合一砂浆层）。但此种保温材料吸水率较其他材料高，使用时必须加抗裂防水层。抗裂防水保护层材料由抗裂水泥砂浆复合玻纤网组成，可长期有效控制防护层裂缝的产生。该施工技术简便，可以减少劳动强度，提高工作效率，不受结构质量差异的影响，对有缺陷的墙体施工时墙面不需修补找平，直接用保温浆料找补即可，同时解决了外墙保温工程中因使用条件恶劣造成界面层易脱粘空鼓，面层易开裂等问题，同时实现了外墙外保温技术的重要突破。

3. 平改坡及加层改造技术方案

首先要先进行屋面和承重墙结构核算，在荷载允许的条件下，可以在屋面上对应下层承重墙位置砌墙，最后铺轻型保温屋面板。一般采用彩钢夹心板，保温材料可采用泡沫聚苯、聚氨酯、岩棉或玻璃棉。结构也可采用钢结构加层，在加层中除注意荷载允许外，保温隔热（尤其是隔热）其保温厚度须经热工计算确定，同时还应注意加高后其高度应符合结构规范和建筑物的日照间距。

4. 屋面干铺保温材料改造技术方案

先进行屋顶防水层改造，再在改善后的防水层做保温处理。具体的做法一种是在原屋面上铺满一层经过憎水处理的岩棉板，其厚度应根据热工计算而定，再在保温层上做水泥砂浆保护层，并做防水层。另一种是留出排水通道，干铺保温材料。

5. 架空平屋面改造技术方案

该方案分两种，一种是在横墙部位砌筑 120~180 毫米高度的导墙，在墙上铺设配筋加气混凝土面板，再在上部设防水层，形成一个封闭空间保温层，这种做法适用于下层防水层破坏、保温失效的屋面，加气板的厚度视当地的气候条件计算确定，排水系统原则上保留原有系统，即在墙内侧留出适当宽度做排水沟。第二种是在屋面荷载条件允许下，在屋面上砌筑115毫米 ×115毫米 ×180毫米左右方垛，在上铺设500毫米 ×500毫米水泥薄板，一般上面不做防水层，主要解决隔热问题，节约顶层空调能耗，改善居民舒适度，同时对屋面防水层也起到了一定的保护作用。

6. 节能窗

窗是建筑节能的重要部位，其热损失是墙体的5~6倍。窗户能耗包括窗户传热和空气渗透耗热，约占建筑采暖、空调能耗的50%左右，窗的节能重点是控制窗的传热系数，增加窗的气密性，限制窗墙面积比。具体做法有：采用塑钢或塑料窗，并设置密封条或采用中空玻璃节能窗；设置活动遮阳构件，夏季遮阳，冬季不影响日照；设置节能窗帘。

（二）改福利供暖为按户计量收费

长期以来，中国职工享受着免费取暖的福利待遇，采暖费由职工所在单位按地方统一标准和居住面积向供暖部门支付，用户的用热量既不能按需调节，也无法计量，结果是舒适度较差，能源耗费却很多。中国政府已经决定，全国采暖地区要普遍实施按户计量收费制度，这项改革是鼓励广大用户参与节能的有力措施，实现这项改革的先决条件是实现用热量可以按需调节与按数计量。实施这项改革，EMCo可做的工作是创造上述先决条件，即对现有大量顶层输入单管串联系统的各层散热器处加装跨越管，并在散热器前端加装温控阀，在散热器上加装热量计。改造投资需20元/平方米左右，可获得20%左右的节能量。

（三）采暖热源节能改造

中国采暖地区的城镇采暖方式有三类：

1. 城市集中供热

除热电厂和输热管网的节能改造措施以外，用热方主要是区域（或单位）换热站提高换热效率，减少换热损失和能源消耗，使用按负荷变化（包括室外温度变化）实时调节供热量的自控系统。

2. 分户小煤炉取暖

小煤炉能源效率极低，低空污染严重，环境舒适性很差。出于节能、环保和提高生活质量的需要，应予改造。示范EMCo已经示范成功。用高效电暖器和蓄热式高效电暖器取暖取代小煤炉，在供电部门的支持下，得到很好的效果，现正在大面积推广。

3. 蓄热式电采暖

蓄热式电采暖系统分集中、户用与分室三种，它的应用既可以对电力负荷移峰填谷、削减冬夏季负荷差，为电力企业节约能源、缓解基建投资，也可使用户节省建设投资，节约能源，减少采暖费用。示范EMCo正在实施用蓄热式电锅炉取代燃煤、燃油锅炉区域采暖的示范项目。

（四）空调冷源节能改造

空调冷源节能改造首先是制冷设备节能改造。在用的制冷设备有不少效率较低、能耗较高，甚至使用不合理，需要进行改造。如新型溴化锂制冷机组的耗热量比旧型机组少10%~20%，使用低品位余热，节能效果更加显著；新型热泵机组的效能系数比旧型机组增大15%左右，这些都是可供选择的。改造投资需20元1平方米左右，可获10%~20%的节能量。其次是供冷系统节能改造。常规供冷系统主、辅机的装机容量是按照能满足最大冷负荷的需要设计的，导致供冷系统大部分时间处于低负荷、低效率的运行状态，造成系统建设投资和长期运行能耗的浪费。再次，蓄冷空调系统的应用，既可以对电力负荷移峰填谷，为电力企业节约能源，缓解建设投资的增长，也可以为用户节省建设投资，节约能源，减少供冷费用，还可为业主增大建筑物的使用价值。原因是装设了蓄冷装置，制冷机组的装机容量减小了许多，减少了投资；由于它可以经常运行在满负荷高效状态，而且1/3以上运行时间是低价电时段，所以，既节能又节约运行费用。使用低温大温差蓄冷空调系统，除了以上优点之外，由于供冷辅机和管道容量也都缩小了，所以，减少了占地面积和空间，因而，提高了业主建筑物的使用价值。低温大温差系统由于送风温度低，环境的舒适度因而提高。这种系统更适合新建工程。

（五）供暖管网节能改造

供暖管网的能源损失有压力损失和散漏损失两种，散漏损失占输送热量的5%~10%，对管网实施良好、完善的保温，加强维修与管理，可以清除散漏损失的大部分。而压力失衡，导致水力失衡，即热力失衡，造成系统远端供暖不足、近端过剩。解决压力损失的办法是使用平衡阀使系统分区分段达到水力基本平衡。节能效果很好，有的一个采暖季即可收回节能技改投资。

二、节能改造应注意的事项

1. 当空气温度及墙面温度低于5℃或高于30℃时，不应进行黏结保温层及抹灰面层的施工。施工前，应认真检查墙面和调查了解有关的情况，如保温层基底的表面是否需要清理或修补、门窗洞周边及屋檐处构造、防潮层与变形缝的位置等。

2. 保温板的粘贴，宜从外墙底部边角处开始，依次粘贴，相邻板材互相靠紧、对齐。上下板材之间要错缝排列，墙角处板材之间要咬口错位。门窗角部的保温板，均应切成刀把状，不得在角部接板。门窗口周边侧面，也应按尺寸塞入保温板避免产生热桥。墙体防潮层以下贴保温板前，要做防潮处理。基底墙体有变形缝处，保温层也应相应留出变形缝，以适应建筑物位移的要求。

3. 保温板上抹灰层厚度以将网格布（或钢丝网）埋入不外露为准。此抹灰层一般分两遍抹成，第一遍直接抹在保温板表面，然后将网格布平整地压入涂层中，干硬后抹第二遍，这遍要将网格布完全覆盖。抹第二遍时，切忌拍浆，因拍浆后表面缺少骨料，容易裂缝。如外表面要做装修，宜抓挠出划痕，以便更好地黏结。为避免干燥脱水过快，不宜在高温和日光暴晒下进行面层抹灰，否则会造成粉状表面。面层抹灰后应不断喷雾、浇水养护，表面保湿 3 天以上。

4. 外保温做法，即在墙体外侧（室外一侧）增加保温措施。保温材料可选用聚苯板或岩棉板，采取黏结及锚固件与墙体连接，面层做聚合物砂浆，用玻纤网格布增强；对现浇钢筋混凝土外墙，可采取模板内保温板的复合浇筑方法，使结构与保温同时完成；也可采取聚苯颗粒胶粉在现场喷、抹成保温层的方法；还可以在工厂制成带饰面层的复合保温板，到现场安装，用锚固件固定在外墙上。与内保温做法相比，外墙外保温系统复合墙体能消除热桥，保温效率高，节能效果显著；能减轻墙体自重，增大使用面积 2%~5%；构造层次合理，热稳定性能好，室内冬暖夏凉；可改善建筑物外立面观感，保护主体结构；既可用于新建工业、民用建筑的保温节能，又可用于既有建筑的节能改造。

第八章　对绿色建筑工程管理策略的研究

在发展的转型时期，着眼于经济进一步发展的同时，我们也该着手进行环境保护。建筑行业需求量巨大，大量的建筑施工带来了很多问题：建筑材料的浪费；建筑污染；资源消耗等。这些问题不仅影响了建筑的成本，更影响着国计民生。由此，我们开始倡导绿色的施工理念，采用先进的施工管理技术将建筑的消耗降到最低，将建筑施工带来的环境危害降到最小。

第一节　可再生资源的合理利用——太阳能

高效利用太阳能提供给建筑的能量，以满足建筑的使用功能需求，实现环境的安全、便利、舒适、健康，是太阳能建筑设计的目标。因此，太阳能建筑不仅应实现光热、光电等现代科技与建筑的和谐应用，而且应更加注重生态的建筑设计理念，从建筑设计之初就关注太阳能的全方位应用。

为了使太阳能建筑尽可能全面、完善地满足使用要求，同时，使技术措施与建筑自身实现优化组合，尽量降低初期投资和运营管理费用，达到利用最优化、产出最大化、操作简便化。在太阳能建筑的设计中，要综合考虑场地规划、建筑单体设计、一体化设计等多方面要求，以保证太阳能建筑的合理性、实用性、高效性、美观性、耐久性。

对于太阳能建筑来说，符合生态理念的规划设计是良好的开端，能够为建筑自身充分利用太阳能、提高太阳能光热、光电设备效率打下坚实的基础。

1. 冬季争取日照

从建筑基地的选择、建筑群体布局、日照间距、朝向及地形的利用等方面，都遵循争取冬季最大日照的原则，为建筑利用太阳能采暖提供条件，同时也有利于其他太阳能技术的使用。

2. 减少建筑的冷热负荷

结合当地气候条件、主导风向、地形地貌，合理进行场地设计和建筑布局，充分利用天然植被和水资源，结合人工种植，有效改善建筑周边的微气候，加强夏季通风和遮阴，减少建筑冬季的冷风渗透，减少建筑的冷热负荷。

太阳辐射强度与地理纬度、坡面的坡度和朝向有关。地理纬度决定了该地点任意一天当中的任意时刻太阳高度角和方位角。坡面上的太阳辐射强度与太阳高度、坡度、朝向有关，冬至日，坡度为30° 的北坡面上，完全看不到太阳，南坡面坡度为66° 时，太阳辐射量最大；夏至日，太阳辐射量与坡面的朝向关系不大，但随着坡度的增加，直射量骤减。因此太阳能建筑应当选择在向阳的平地或缓坡坡地上，以争取尽量多的日照，为太阳能应用创造有利的条件。

在坡面上选择基地还与气候条件有关，坡脚、坡腰和坡顶的微气候各有不同。坡脚寒冷、坡腰暖和、坡顶多风，应根据当地气候条件的不同，选择合适的基地位置。

另外，建筑物不宜布置在山谷、洼地、沟底等凹形场地中，基地中的沟槽应处理得当。这是因为，一方面凹地在冬季会沉积雨雪，雨雪在融化蒸发过程中带走大量热量，造成建筑外环境温度降低，增加围护结构保温的负担，对室内环境不利；另一方面，寒冷空气流会在凹地沉积，形成“霜洞”效应，位于该位置的底层或半地下层建筑若保持所需的室内温度所耗的能量会相应增加。

冬季防风不仅能提高户外活动空间的舒适度，同时也能减少建筑由冷风渗透引起的热损失。研究表明，当风速减小一半时，建筑由冷风渗透引起的热损失减少到原来的25%。因此，室外冬季防风很关键。

建筑物布局紧凑，建筑间距控制在1 ∶ 2（前排建筑高度与两排建筑间距之比）的范围内，可以使后排建筑避开寒风侵袭。另外，在组团中，将较高建筑背向冬季寒风，能够减少冷风对低矮建筑和庭院的侵袭，有利于创造适宜的微气候。

在冬季上风向处，利用地形或周边建筑物、构筑物及常绿植被为建筑物竖立起一道防风屏障，避免冷风的直接侵袭，有效减少冬季的热损失。一个单排、高密度的防风林（穿透率为36%），距4倍建筑高度处，风速会降低90%，同时可以减少被遮挡的建筑物60%的冷风渗透量，节约常规能源的15%。适当布置防风林的高度、密度与间距会收到很好的挡风效果。

改造和利用现有地形及自然条件，能够调节场地中的微气候。例如，植被在夏季提供阴影，并利用蒸腾作用产生凉爽的空气流；而不同的介质和界面反射或吸收太阳光的情况不同，据此可改善日照情况。因此，减少硬质地面、提高绿化率、合理配置植物种类、合理设计水环境，都能改变建筑的外部热环境，从而减少建筑物的冷热负荷。

以住宅区为例，夏季室外环境温度每升高1℃，建筑制冷能耗增加10%。因此，合理的场地不仅要保证建筑的合理朝向和间距，还要保证住宅区的绿化率和绿化均匀度，从而达到建筑遮阳、降低环境温度的目的。

按太阳能热水系统的集热方式不同，热水供应方式分为三种：集中供热水系统、集中—分散供热水系统和分散供热水系统。

1. 集中供热水系统

集中供热水系统指采用集中的太阳能集热器和集中的储水箱供给一幢或几幢建筑物所需热水的系统，其特点是以一个单元或整栋建筑为单位共用一套太阳能热水系统，共用太阳能集热器和储热水箱。设计需要考虑的几个因素如下：

产品选型：这种系统一般没有成套产品，设计时首先需要确定单位太阳能集热面积与热水量的匹配值。当建筑的太阳能集热条件满足最佳条件时，根据集热器生产厂家的额定值确定单位集热面积的热水设计量，否则需要通过编程或计算软件确定单位集热器面积与热水量的匹配值。一旦确定匹配值，可计算出建筑的太阳能集热总面积和储热水箱的总容量，并进一步设计安装太阳能集热器的建筑面积和放置储热水箱的位置，同时考虑集热器与储热水箱的连接管路。集中集热供热水系统都需要使用循环泵，因此，还要设计循环泵使用的电源。根据实际情况，太阳能集热的运行方式可选用自然循环、强制循环或直流式方式；供水可采用承压、非承压和水泵加压等方式；一般全玻璃真空管不能直接承受较大的压力，平板型集热器和热管式真空管可设计承压系统使用。

管路设计：集中集热供热水系统的管路设计比较简单。但由于多个住户可共用一条热水主管，需要考虑管路热水循环设计、保温和热水计量问题。

辅助能源：集中使用燃气、燃油和电锅炉及热泵作为辅助加热装置时，设计需要考虑相应的燃气、燃油和电供应问题；设计采用单个住户室内使用辅助能源加热方式时，需要考虑太阳能热水系统与室内燃气或电热水器的衔接问题。

适用建筑：该系统一般适合设计安装在低层、多层和满足条件的高层住宅建筑，更适用于宾馆、学校和公共浴室等公共建筑。

2. 集中—分散供热水系统

集中—分散供热水系统指采用集中的太阳能集热器和分散的储水箱供给一个单元或一幢建筑物所需热水的系统，在分户集热供热和集中集热供热的基础上综合延伸出来的一种太阳能热水系统与建筑结合方式，其特点是以一个单元为设计单位安装太阳能热水系统共用集热器，每个住户拥有独立的储热水箱。设计需要考虑以下几个因素：

产品选型：这种系统目前还没有成套产品，主要由集热器、储热水箱和系统控制组成，设计时首先需要确定单位太阳能集热面积与热水量的匹配值。根据匹配值，可计算出确定建筑的太阳能集热总面积和每户安装的储热水箱容量，可进一步设计安装太阳能集热器的建筑面积和放置储热水箱位置。储热水箱可在室内或统一放置在屋顶（适用于多层建筑），然后考虑集热器与储热水箱的连接管路，该系统的太阳能集热运行方式一般使用强制循环，因此，还要设计循环泵使用的电源。

管路设计：管路要根据实际情况设计，集热器与储热水箱的连接可使用并联与串联的方式，需要考虑管路保温和热水计量问题。

辅助能源：如果储热水箱配备由内置电辅助加热装置，需要考虑匹配电源设计；否则，需要考虑太阳能热水系统与室内燃气或电热水器的衔接问题。

适用建筑：该系统一般适合设计安装在低层、多层和具备条件的高层住宅建筑。

实现太阳能热水系统的一体化，要解决以下问题：

（1）根本问题：产品要标准化、系列化、配套化；

（2）运作模式：设计源头化、施工同步化、验收标准化、后期管理规范化；

（3）功能要求：高效率、高舒适性、高可靠性、高智能化；

（4）推广模式：产业化、部品化。

总之，太阳能热水设备生产厂家和科研机构要致力于研发能较好地与建筑相结合的太阳能热水系统，打破太阳能热水器的传统观念，与建筑设计人员共同开发设计出“适应建筑”的太阳能热水系统，并与建筑有机地结合为整体，在保证建筑的艺术、技术及功能需要的同时，使系统具有较合理的结构组成和较高的运行效率。相应地，建筑设计人员也要充分了解太阳能热水系统的原理和特点，为太阳能热水系统的开发和设计提供有益的建议，优化建筑结构和外围结构设计，为系统地高效运行提供一个良好的建筑平台，真正实现太阳能热水系统与建筑的一体化结合。

随着国际能源的日益紧张，高层建筑越来越多，开发商已经开始逐步地接受太阳能。同时，太阳能技术也在不断升级，尤其是分体式太阳能热水器的研发成功，与建筑的结合变得更加容易和可行，开发商已经开始尝试进行太阳能的工程化运作。国家开始出台相关的技术标准，太阳能与建筑一体化概念已经初步形成，并成为社会的热点。太阳能热水器的使用范围逐步从小城市向大中城市延伸。

进入太阳能热水系统与建筑设计相结合的阶段，太阳能热水器完全纳入建筑部品体系，成为建筑体系不可分割的一部分，与建筑同步设计、同步施工、同步后期物业管理。其技术特点如下：

1. 把太阳能的利用纳入环境的总体设计，把建筑、技术和美学融为一体，太阳能设施成为建筑的一部分，相互间有机结合，取代了传统太阳能的结构造成的对建筑的外观形象的影响，如厦门杏北新城，坡屋面按太阳能尺寸预留框架式结构，集热器倾角与坡屋面一致，实现了太阳能建筑与建筑一体化。

2. 利用太阳能设施完全取代或部分取代屋顶覆盖层，可减少成本，提高效益。

3. 可用于平屋顶或斜屋顶，一般对平屋顶而言用覆盖式，对斜屋顶用镶嵌式。

太阳能采暖系统是将太阳能转换成热能，供给建筑物冬季采暖和全年其他用热的系统，系统主要部件有太阳能集热器、换热蓄热装置、控制系统、其他能源辅助加热 / 换热设备、泵或风机、连接管道和末端供热采暖系统等。

太阳能采暖的类型多样：

1. 按所使用的太阳能集热器类型，可分为液体工质集热器太阳能采暖系统和太阳能空气集热器采暖系统。

2. 按集热系统的运行方式，可分为直接式太阳能采暖系统和间接式太阳能采暖系统。

3. 按所使用的末端采暖系统类型，可分为低温热水地板辐射采暖系统；水—空气处理设备采暖系统、散热器采暖系统、热风采暖系统。

4. 按蓄热能力，可分为短期蓄热太阳能采暖系统和季节蓄热太阳能采暖系统。

太阳能采暖技术主要有太阳能空气采暖、太阳能热水采暖两种，本章对这两种常见的太阳能采暖技术在建筑中的应用等相关问题进行阐述。

太阳能热水采暖通常是指以太阳能为热源，通过集热器汲取太阳能，以水为热媒进行采暖的技术。

太阳能空气采暖系统，是用太阳能集热器收集太阳辐射能并转换成热能，以空气作为集热器回路中循环的传热介质，以岩石堆积床或相变材料作为蓄热介质，热空气经由风道送至室内进行采暖。它与太阳能热水采暖最主要的区别是热媒不同。

与太阳能热水采暖系统相比，太阳能空气采暖系统具有以下优缺点：

优点：低温高效；结构简单，安装方便，制作及维修成本低；无需防冻措施；腐蚀问题不严重；系统在非采暖季无系统过热问题；热风采暖控制使用方便。

缺点：集热器面积较大。应用空气作为集热介质时，首先，空气的容积比热较小，而水的容积比热较大；其次，空气与集热器中吸热板的换热系数要比水与吸热板的换热系数小得多；集热器、管道等体积较大，系统需有一个能通过容积流量较大的结构空间；室温日波动较大。系统的蓄热能力有限，需要借助相变蓄热等高效的储热技术，减小室内日温差的变化。

太阳能热水采暖系统较太阳能空气采暖系统的适用范围更为广泛。前者可适用于严寒、寒冷、夏热冬冷及温和地区的各类低层、多层及高层建筑物；后者则适用于严寒、寒冷、夏热冬冷及温和地区的低层建筑物内需热风采暖的区域。

根据是否利用机械的方式获取太阳能，将太阳能空气采暖技术分为被动式和主动式两种：通过适当的建筑设计无需机械设施获取太阳能的空气采暖技术称为被动式太阳能采暖设计；需要机械设施获取太阳能的空气采暖技术称为主动式太阳能采暖设计。在实际应用中，大多采用主被动结合的太阳能采暖技术。

1. 定义及分类

被动式太阳能建筑，通常指不借助机械装置，直接利用太阳能冬季采暖、夏季遮阳散热的房屋。通过建筑朝向和周围环境的合理设计、内部空间和外部形体的巧妙处理及建筑材料和结构构造的恰当选择，使其在冬季能集取、保持、储存、分布太阳热能，从而部分解决建筑物的采暖问题。被动式太阳能建筑设计的基本思想是控制携带太阳能热量的空气在恰当的时间进入建筑，并合理地储存和分配热量。

被动式太阳能建筑应用范围广、造价低，可以在增加少许或几乎不增加投资的情况下完成，在中小型建筑中最为常见。美国能源部指出被动式太阳能建筑的能耗比常规建筑的能耗低 47%，比相对较旧的常规建筑低 60%。被动式太阳能设计尤其适合新建项目，因为整个被动式系统是建筑系统中的一个部分，应与整个建筑设计完全融合在一起，并且在方案设计阶段进行整合设计将会得到经济、美观等多方面收益。

被动式太阳能建筑有两种分类方式，一种是按传热过程分类；另一种是按集热形式分类。按照传热过程的区别，被动式太阳房可分为两类：（1）直接受益式，指阳光透过窗户直接进入采暖房间；（2）间接受益式，指阳光不直接进入采暖房间，而是首先照射在集热部件上，通过导热或空气循环将太阳能送入室内。

按照集热形式的不同，被动式太阳能建筑分为五类：直接受益式、集热蓄热墙式、附加阳光间式、屋顶池式、自然对流环路式。

2. 直接受益式

（1）定义及工作原理

直接受益式，是指太阳辐射直接通过玻璃或其他透光材料进入需采暖房间的采暖方式。这是建筑物利用太阳能采暖最普通、最简单的方法，仅仅通过这种方式就可以节约 3% 以上的非再生能源。南立面是单层或多层玻璃的直接受益窗，白天太阳直射光线透过南向玻璃窗进入室内，地面和墙体吸收热量，表面温度升高，所吸收的热量分为三部分：一部分以对流的方式加热室内空气；一部分以辐射方式与其他围护结构内表面进行热交换；一部分则通过地板和墙体的导热把热量传入内部蓄存起来，夜晚或阴天，墙体和地板等建筑结构吸收的热量则会被释放出来，加热室内空气，维持室内温度。直接受益式天窗应考虑冬季采暖、夏季遮阳两种模式。

（2）特点

直接受益式的特点是构造简单，易于制作、安装和日常的管理与维修；与建筑结构结合紧密，不需要增设特殊的集热装置，便于建筑立面处理；室温上升快，但室内温度波动幅度稍大。鉴于其白天光线过强，且室内温度波动较大的缺点，需要采取相应的构造措施。

建筑通风包括从室内排出污浊空气和向室内补充新鲜空气，前者称为排风，后者称为送风。为实现排风和送风所采用的设备装置总体称为建筑通风系统。按动力来源，建筑通风技术分为机械通风和自然通风两大类。

自然通风是一种比较经济的通风方式，它不消耗动力，简单易行，节约能源，有利于环境保护，被广泛应用于工业和民用建筑中。自然通风是当今生态建筑中广泛采用的一项技术措施。与其他相对复杂、昂贵的生态技术相比，自然通风技术已比较成熟并且廉价。采用自然通风可以取代或部分取代空调制冷系统，从而降低能耗与环境污染，同时更有利于人的身体健康。因此在以被动式设计为主的太阳能建筑中，自然通风应该是主要的夏季室内降温方式。

自然通风的作用：节能；排除室内废气污染物，消除余热余湿；引入新风，维持室内良好的空气品质；更好地满足人体热舒适等优点；实行有效的被动式制冷。

自然通风的原理是利用建筑内部空气温度差所形成的热压和室外风力在建筑外表面所形成的风压，从而在建筑内部产生空气流动，进行通风换气。如果在建筑物外围结构上有一开口，且开口两侧存在压力差，那么根据动力学原理，空气在此压力差的作用下将流进或流出该建筑，这就形成了自然通风，此压力差由室外风力或室内外温差产生的密度差形成。

1. 热压作用下的自然通风

这是利用建筑内部空气的热压差，即通常讲的“烟囱效应”来实现建筑的自然通风。

利用热空气上升的原理，在建筑上部设排风口可将污浊的热空气从室内排出，而室外新鲜的冷空气则从建筑底部被吸入。热压作用与进、出风口的高差和室内外的温差有关，室内外温差越大。进出风口高度差越大，则热压作用越强。在建筑设计中，可利用建筑物内部贯穿多层的竖向空腔——如楼梯间、中庭、拔风井等满足进排风口的高差要求，并在顶部设置可以控制的开口，将建筑各层的热空气排出，达到自然通风的目的。热压作用下的自然通风更能适应常变的外部风环境和不良的外部风环境。

2. 风压作用下的自然通风

在具有良好的外部风环境的地区。风压可作为实现自然通风的主要手段。在我国大量的非空调建筑中，利用风压促进建筑的室内空气流通，改善室内的空气环境质量，是一种常用的建筑处理手段。风洞试验表明：当风吹向建筑时，因受到建筑的阻挡，会在建筑的迎风面产生正压力。同时，气流绕过建筑的各个侧面及背面，会在相应位置产生负压力。风压通风就是利用建筑的迎风面和背风面之间的压力差实现空气的流通。风压差的大小与建筑与风的夹角有关，随着夹角的变化，流经房屋的气流会在房屋周围引起不均匀分布的正压区和负压区。屋顶背风面的气压总是负压，但迎风面的气压状况则取决于屋顶的倾斜程度。当风垂直吹向建筑的正立面时，迎风面中心处正压最大，在屋角和屋脊处负压最大。我们常说的“穿堂风”就是利用风压的自然通风。

第二节　水资源的合理利用分析

一、绿色建筑水资源环境分析

（一）生态保水的都市防洪分析

许多人把灾难的矛头指向河川整治不力，或山坡地的小区滥建。事实上，这些灾难部分起因于城乡环境丧失了原有的保水功能，使土壤缺乏水涵养能力，断绝了大地水循环机能，使得地表径流量暴增，导致水灾频发。然而这些灾难并非不可避免，山坡地小区也并非完全不可开发，我们只要加强建筑基地的保水、透水设计就可减缓其弊害。过去的都市防洪观念，都希望把自家的雨水尽快往邻地排出，并认为政府必须设置足够的公共排水设施，尽快把都市雨水排至河川大海。因此所有住家大楼都希望把自家基地垫高，或者设置紧急马达以排除积水。这种“以邻为壑”的想法，给都市公共排水设施造成了莫大的负担，每到大雨，永远有低洼地方的地区因汇集众人之雨水而被淹。

事实上，不考虑土地保水、渗透、贮集的治水对策，是一种很不生态的防洪方式。我们常将池塘填塞，把地面铺上水泥沥青，让大地丧失透水与分洪的功能，再耗费巨资建设大型排水与抽水站作为洪水之末端处理。此巨型化、集中化的防洪设施，常伴随很大的社会风险。现在西方最新的生态防洪对策，均规定建筑及小区基地必须保有贮集雨水的能力，以更经济、更生态的小型分散系统进行源头分洪管制，以达到软性防洪的目的。其具体方法是在基地内广设雨水贮集水池，甚至兼作景观水池，以便在大雨时贮集洪峰水量，而减少都市洪水发生。美国有些都市更规定公共建筑物之屋顶、车库屋顶，都市广场必须设置雨水贮集池，在大雨时紧急贮存雨水量，待雨后再慢慢释出雨水。这种配合景观、都市、建筑基地的保水设计，就是以分散化、小型化、生态化的分洪，来替代过去集中化、巨型化、水泥化的治水方式，不但能美化环境，而且能达到都市生态防洪的目的。

（二）不透水化环境加速都市热岛效应

姑且不论都市防洪的问题，居住环境的不透水化也是土壤生态上的一大伤害。过去的城乡环境开发，人行道、柏油路、水泥地、停车场乃至游戏场、都市广场，常采用不透水铺面设计，使得大地丧失良好的吸水、渗透、保水能力，更剥夺了土壤内微生物的活动空间，减弱了滋养植物的能力。尤其在都市成长失控与地价人为炒作下的东亚国家，更造成土地超高密度使用，使居住环境呈现高度不透水化现象。这不透水化的大地，使土壤失去了蒸发功能，难以调节气候，因而引发居住环境日渐高温化的“都市热岛效应”。为了应对炎热的都市气候，家家户户更加速使用空调、加速排热，造成都市更加炎热化的恶性循环。

有学者对中国台湾四大都会区气候研究发现，只要降低都市内非透水性的建蔽率10%，会使周围夏季尖峰气温下降 0.14℃ ~0.46℃，相当于减少了空调用电 0.84%~2.76%，可见透水环境有调节气候的功能。有鉴于此，以都市透水化来缓和都市热岛效应的政策，已在先进国家积极展开。例如，在德国有些地方政府规定建筑基地内必须保有 40% 以上的透水面积，甚至规定空地内除了两条车道线之外必须全面透水化。又如日本建设省与环境厅已宣誓，全面推动都市地面与道路的透水化来改善都市热岛效应。

日本现在正准备修改道路工程法令，积极鼓励透水化沥青道路工程。根据日本的实验发现，透水沥青道路甚至能降低夏日路表面温度 15℃，对降低都市气温与周边建筑空调能源有很大功用。由于透水性沥青道路混有高吸水性、高间隙材料，不但能增加路面含水蒸发能力，也能减少道路积水、降低车辆照明反光、增加行车安全。同时由于透水沥青道路的高间隙，因此能降低车辆的路面反射噪声 3~5 分贝。虽然透水沥青道路的建设费用高达一般道路工程的 1.5 倍，但在考虑环境质量与投资边际效益上，其投资不但值得，而且物超所值。

（三）宛如塑料布包起来的都市环境分析

许多经济快速发展的亚洲都市由于绿地缺乏，产生了都市水泥化、不透水化现象。水泥铺面与 PU 跑道，简直是最糟糕的环保教育示范。如此高的都市不透水率，远高于美国西雅图与日本札幌市（住宅区高两倍以上），可见台湾居住环境的不透水化已严重到匪夷所思的程度。如此高的不透水率，有如塑料布覆盖了大地，甚至连都市人行步道，都渐渐更换成不透水的钢筋水泥铺面，难怪都市气候越来越热，建筑耗能越来越凶，生态环境越来越恶化。

二、建筑保水设计

（一）直接渗透设计

绿色建筑的水循环设计，要求大地必须有涵养雨水的能力，即要求“直接渗透”与“贮集渗透”两大部分的基地保水设计。其中“直接渗透”设计法乃利用土壤的高渗透性来涵养水分，其透水的功能即干土壤的渗透能力。适合于直接渗透的土质，渗透系数最好在10~4 厘米 / 秒（粉砂土质）以上，假如为黏土质土壤，则必须靠基层土质改良才具备部分保水与排水效果。

1. 绿地、被覆地或草沟设计

雨水渗透设计最直接的方法，就是保留自然土壤地面，亦即留设绿地、被覆地、草沟，作为雨水直接渗透的地面。由于绿地可让雨水渗入土壤，对土壤的微生物活动及绿化光合作用有很大帮助，同时植物的根部活动可以活化土壤、增加土壤孔隙率，对涵养雨水有所贡献，因此绿地是最自然、环保的保水设计。“被覆地”就是地被、树皮、木屑、砾石所覆盖的地面，这些有机或无机覆盖物均有多孔隙特性，具备孔隙保水之功能，并且可防止灰尘与蒸发。“草沟”通常被用于无污染庭园或广场的排水设计，是巧妙利用地形坡度来设计的自然排水路，是最佳的生态排水工法。为了防止尘土飞扬、土壤流失，并不鼓励直接裸露地面，裸露地被长期重压后会变成坚固不透水的地面。裸露地面、裸露道路应善用碎石、踏脚石、枕木等良好的覆盖设计，才能长久保持大地的水循环功能。

2. 透水铺面设计

透水铺面设计是满足人类活动机能与大地透水功能的双赢设计，尤其在高密度使用的都市空间是必要的生态措施。“透水铺面”就是表层及基层均具有良好透水性能的铺面，其表层通常由连锁砖、石块、水泥块、瓷砖块、木块、HDPE 格框（High Density Polyethylene，高密度聚乙烯）等硬质材料以干砌方式拼成，表层下的基层则由透水性良好的砂石级配构成。按照地面的承载力要求，表层材料及基层砂石级配的耐压强度有所不同，但绝不能以不透水的混凝土作为基层结构，以阻碍雨水的渗透。

有些人不了解透水铺面的功能，先以钢筋水泥作为打底的地面，然后在上面铺上连锁砖、彩虹石、乱石片，如此就完全失去了大地透水的功能。为了判断透水铺面，可在下大雨后去观察地面的积水情形，可发现不透水的沥青水泥铺面常常积水不退，而植草砖之类的透水地面则干爽宜人。人行步道与庭园小道更应该进行透水设计，尤其在没有高载的要求时，步道材质配合图案设计更可发挥美学极致，许多利用木头、石块、卵石、水泥砖与绿地景观结合的透水铺面设计，不但可达到透水功能，更具有优美的庭园意境。

另外有整体型透水沥青混凝土铺面，是以沥青与粗细骨材的调整，将孔隙率提高至20% 左右。透水性混凝土又称无细骨材混凝土，它可借由配比设计与施工控制来达成各种强度与透水性铺面要求，抗压强度约在 1.4~14 兆帕之间，其渗透系数一般均大于 1.0 × 10%。

然而，这些高孔隙率铺面常因孔隙被泥浆、青苔等异物阻塞而降低透水性，因此定期清洗维护是很重要的。通常每年定期 2~4 次，以吸尘器与高压水柱冲洗来清洗，每次清洗后可恢复 70%~85% 的透水性能。

一般的透水铺面由于耐磨性与载重量较小，因此常使用于人行道、停车场、广场、轻载重车道等。基本上，除非超重型车辆进出频繁的道路之外，一般中小车辆的道路均可采用透水铺面，其诀窍仅在于表层铺面材与基层级配砾石的强度是否符合载重而已，铺面下必须有 20 厘米以上压实的砾石级配才行。至于更高载重的车道，也有采用坚实的大块钢筋水泥，或是以钢筋水泥大枕木来铺设路面，只要中间留设充分透水的石孔洞或缝隙，亦可达到高载重兼透水的要求。甚至目前业界发明了一种“高载重透水混凝土铺面工法”，以正反漏斗型透水透气导管与钢纤维丝加混凝土，做成兼顾透水与高载重铺面，其载重强度可以基层强度与混凝土强度来调整，其高透水性能如砾石地一般好，其维修只要每一两年通一次透水孔即可。

3. 透水管路设计

在都市高密度开发地区，往往无法提供足够的裸露地及透水铺面来供雨水渗入，此时便需要人工设施来加速降水渗透地表下，目前较常用的设施可分为水平式“渗透排水管”、垂直式“渗透阴井”，以及属于大范围收集功能的“渗透沟”。所谓“渗透排水管”，是将基地降水集中于渗透排水管内后，再慢慢往土壤内渗入至地表中，达到辅助渗入的效果。透水管的材料从早期的陶管、瓦管、多孔混凝土管、有孔塑料管进化为蜂巢管、网式渗透管、尼龙纱管、无纺布透水管等，利用毛细现象将土壤中的水引导入管后，再缓缓排出。

“渗透阴井”与“渗透排水管”，都是利用透水涵管来容纳土壤中的饱和雨水，等土壤中含水量降低时，再缓缓排出。“渗透阴井”是属于垂直式辅助渗入设施，不仅有较佳的贮集渗透效果，亦可作为“渗透排水管”间的连接节点，可拦截排水过程中产生的污泥杂物，以利透水与透气。“渗透阴井”可与“渗透排水管”配合，运用于各类运动场、公园绿地及土壤透水性较差的建筑基地中。

“渗透沟”则是收集经由“渗透排水管”及“渗透阴井”所排出的雨水，以组成整个渗透排水系统，也可以单独使用于较大面积的排水区域边缘，来容纳较大水量，因此，“渗透沟”的管沟截断面积也较上述两者为大。在管沟材料的选择上，必须以多孔隙的透水混凝土为材料，或将混凝土管沟的沟壁与沟底设计为穿孔性构造以利于雨水渗入。由于透水管路的孔隙很容易阻塞，必须设计好维修口、清理活塞、防污网罩等维护设施，同时必须定期清洗孔隙以防青苔、树叶、泥沙阻塞孔隙而失去透水功能。

（二）贮集渗透设计

“贮集渗透”就是让雨水暂时留置于基地上，然后再以一定流速在大地上进行水循环的方法。“贮集渗透”设计的原理在于模仿自然大地的池塘、洼地、坑洞的多孔隙特性，以增加大地的雨水涵养能力。

"贮集渗透设计"最好的实例，就是兼具庭园景观与贮集渗透的双重功能的"景观渗透水池"，其做法通常将水池设计成高低水位两部分，低水位部分底层以不透水层为之，高水位部分四周则以自然渗透土壤设计做成，下大雨时可暂时贮存高低水位之间的雨水，然后让水慢慢渗入土壤，水岸四周通常种满水生植物作为景观庭园的一部分。阿姆斯特丹 ABN 银行总部的生态景观水池，其水面与岸面高差约 1 米，在大雨时水位会涨到高处的溢洪口，形成一个可吸纳都市洪峰的渗透型调节水池。

"贮集渗透设计"另外的实例，是专门考虑水渗透的功能，以渗透良好的运动场、校园、公园及屋顶、广场，来作为贮集渗透池的方法。它平时为一般的活动空间，在下大雨时则可暂时贮存雨水，待雨水渗入地下后便恢复原有空间机能，是一种兼具防洪功能的生态透水设计。将车道旁的排水口设计置于车道分隔绿地内，把车道的排水设计先导入绿地，滋养绿地之后再排入都市雨水系统，是一个十分生态的贮集渗透设计。

三、建立节水型社会

（一）全球水资源危机

几千年来，缺水已成为危及世界粮食安全、人类健康和自然生态系统的最大问题。根据联合国"世界水资源发展报告"，世界 500 条最大河川中，逾半出现严重干涸及污染，全球 45000 个大型水坝阻截了河流，拦住本应流入大海的 15% 的河水，水库几乎占用了陆地面积的 1.0%，而一些尚未建坝的河川，已受害于全球温暖化而旱情恶化，甚至导致鱼类大量死亡，地球生态大灾难的脚步似乎越来越近。

根据国际水资源管理学会的研究，到 2025 年全球生活在干旱地区的 10 亿多人，将面临极度缺水，另有 3 亿多人将面临经济型缺水的问题。属于经济缺水的国家，分布在非洲撒哈拉沙漠以南，虽有足够的水资源，却没有资金进行大规模水利开发而缺水。这些严重经济缺水与绝对缺水的总人口占世界人口的三分之一。如果只依赖自然水源的话，到 2025 年，全世界 70 多亿人口中，至少有五分之二会面临缺水压力。

由于农民使用管井不停地汲取亚洲的地下储备水，大功率电泵以远超过雨水补给的速度抽取地下水，亚洲大陆地下水位正在大幅度下降，地下水资源有被抽干的危险。虽然钻井和电泵使不少国家的水稻、甘蔗等作物获得丰收，但这种繁荣注定是昙花一现，一些风景如画的地方，未来有可能变得干旱贫瘠，甚至转变为沙漠。

（二）杜绝耗水型文化

人可以数日不进食，但不可一日无水喝。水资源丰富地区的民族，很难想象缺水地区人民在生活上的困苦。有水当思无水之苦，在偏远山区的民族常为了挑一缸水，必须行走数小时。在无自来水供应地区的人，常以水缸、地窖来储存屋顶、地面的雨水，以作为日常用水。在干旱地区，人们还利用塑料布或水泥地来引导深夜的空气凝结露水，以作为饮水或灌溉用水，显示缺水社会对水资源的珍惜。

位于伊河、洛河之畔的洛阳市，年均水蒸发量超过降雨量十余倍，却投资4亿元建成四级橡胶坝，并进行河道整治，形成8平方千米水面，而正在建设的洛阳新区，也引洛河、伊河之水，大造水景。地处贺兰山东麓的宁夏回族自治区石嘴山市，年均降雨量不足200毫米，蒸发量却高达2000毫米的干旱地区，却正在城市边缘打造一片总面积约43平方千米的星海湖湿地，其中开辟常年性水面20平方千米，令人"瞠目结舌"。

最近到处流行的大草坪，大花圃庭园设计，也是助长"耗水型文化"的急先锋。事实上，许多人喜欢的大花园与大草坪，不只浪费水资源，也是扼杀了生物多样化环境的帮凶。许多人以为百花齐放的花圃与绿草如茵的人工草坪十分美丽，殊不知这些都是环境的杀手。尤其像中国台北草之类的人工草坪，不开花、不结果，没有花蜜、没有昆虫藏匿，没有鸟儿来觅食，不容许其他植物与之共生，需要广施化肥与石灰，以及大量用水与人工照料，是一种最破坏生态的园艺形态。

许多人误以为草坪有光合作用及吸收二氧化碳的功能，但事实上并非如此。植物进行光合作用来固定碳素的机制，通常由于叶面积与植物质量的成长。由于人工草坪一成长就立即修剪，叶面积完全无增加机会，其白天光合作用所制造的氧气，几乎为其夜间呼吸作用所抵消，完全丧失固定空气二氧化碳的功能。此外，维护草坪所耗费的能源，也远比维护灌木丛或树林来得高。根据美国的资料，在温和气候下，维护草坪所消耗的能源是灌木丛的4.8倍、树林的4.6倍，在干燥气候下，维护草地所消耗的能源，分别是灌木丛的1.5倍、耐旱灌木丛的3.6倍、需水树木的1.5倍、耐旱树木的2.9倍。

为了改善此"耗水型文化"，当然首先要建立"节水型社会"，其中调整水价当然是最有效的节水方法，但从绿色建筑上来进行节水设计是十分有效的。如只要建筑物全面使用节水器材，将可以在生活机能不受影响的情况下，轻易让每一个人省下20%的日常生活用水量。

四、绿色建筑节水设计

（一）采用节水器材

绿色建筑的节水设计中，最便宜又有效的方法为节水器材设计。在一般住宅用水调查中，卫浴厕所的用水比例约占总生活用水量的五成。过去许多建筑设计常采用不当的豪华耗水器材，因而造成很大的用水浪费，如这些用水器材可更换成省水器材，必能节省不少水量。以洗澡用水器材为例，淋浴及泡澡两种方式用水量差异甚大，淋浴方式每人每次用水量约70公升，而泡澡方式则在150公升以上。

现在许多家庭设有两套浴缸装置，甚至装置按摩浴缸，但根据调查，九成以上民众只用淋浴而闲置浴缸，造成大量浪费。假如能在建筑上部分取消浴缸设计而改用淋浴设备，必能节约大量用水。又如住宿类建筑中最普遍使用的坐便器，一般都是单段式冲水机能，使小便耗用与大便相同的冲水量，造成水资源浪费。目前通行的日常生活省水器材，包括节水型水栓、省水坐便器、两段式省水坐便器、省水淋浴器材、自动化冲洗感知系统，等等，特别是公共建筑物上更应率先使用。

（二）设置雨水贮集利用系统

除非是在空气污染严重的地区，雨水是相当干净的水源，设置雨水贮集利用系统，是解除缺水压力的秘方。现代建筑的雨水贮集供水系统，是将雨水以天然地形或人工方法截取贮存，经简单净化处理后，再利用为生活杂用水。建筑雨水贮集供水系统是由集水、水处理、储水及给水系统所组成：首先利用建筑基地或屋顶收集雨水，经过管线系统截流至处理系统，再流至储水装置中，最后再经由管线送至各户用水器具中供使用。

另外，也可在地面兴建景观水池，或利用建筑大楼的筏基，或在公园绿地、广场、车道中建立地下水窖，作为雨水贮集设施，可见建筑环境设计到处均可作为雨水贮集利用的对象，其效益无可限量。此外，有些先进国家开发一些预铸化的雨水利用产品，如德国所生产的预铸化地下雨水贮留槽，可以随基地形状无限制扩张组合雨水贮留槽，同时设有专用水泵、五金配件与杂物清洁口，对于雨水利用设计有莫大的方便。这种雨水利用产业的普及化无疑是今后绿色建筑政策应该推广的重点。

（三）设置中水系统

所谓中水系统，是指将生活杂排水或轻度使用过的废排水汇集，并经过简易净化处理，控制于一定的水质标准后，再重复使用于非饮用水及非与身体接触的生活杂用水。“中水”是日本用语，因为日本称自来水为上水、污水为下水，称次等水质的水为中水。中水在欧美国家则称之为“灰色的水”，一般家庭日常生活使用的总水量中，冲洗厕所的用水量约占 24%，再加上园艺、清洁用水，一共有 32% 用水量可改用中水。过去人类对于这些杂用水均采用高度净化的自来水，是一种很浪费的用水文化，如能全面改用较低水准的中水，显然是较为生态的设计。

大区域的中水系统，可结合机关大楼、学校、住宅、饭店等区域集中设置，将这些区域或大楼的杂排水或污水就近收集、就地处理、就近回收使用。小规模的中水系统将一般生活杂排水收集处理后，提供建筑内冲厕用水或作为空调主机的循环用水等用途。由于中水的净化设备比雨水系统昂贵，其经济效益亦较低，因此目前不宜轻易强制设置中水系统，否则像日本东京或北京强制大规模建筑物设置中水系统，后来发现大部分业主关闭中水设备而继续用自来水，形成严重的投资浪费。然而，在设有集中型污水处理设备的小区、学校、机关或重大建筑开发案中，在污水处理设备末端再加设简易净化处理设备后，即可作为中水回收系统，是较为合理经济的中水利用方式。

第三节　建筑材料的节约使用研究分析

一、绿色建筑材料

（一）绿色建筑材料的特征及分类

1. 绿色建材的特征

传统建筑材料的制造、使用及最终的循环利用过程都产生了污染，破坏了人居环境和浪费了大量能源。绿色建材与传统建材相比可归纳为以下五个方面的基本特征：

（1）绿色建材生产尽可能少用天然资源，大量使用尾矿、废渣、垃圾等废弃物。

（2）采用低能耗和无污染的生产技术、生产设备。

（3）在产品生产过程中，不使用甲醛、卤化物溶剂或芳香族碳氢化合物；产品中不含汞、铅、铬和镉等重金属及其化合物。

（4）产品的设计以改善生产环境、提高生活质量为宗旨，产品具有多功能化，如抗菌、灭菌、防毒、除臭、隔热、阻燃、防火、调温、调湿、消磁、防射线、抗静电等。

（5）产品可循环或回收及再利用，不产生污染环境的废弃物。可见，绿色建材既满足了人们对健康、安全、舒适、美观的居住环境的需要，又没有损害子孙后代对环境和资源的更大需求，做到了经济社会的发展与生态环境效益的统一、当前利益与长远利益的结合。

2. 绿色建材的分类

根据绿色建材的特点，可以大致分为以下五类：

（1）节省能源和资源型建材：这是指在生产过程中能够明显降低对传统能源和资源消耗的产品。因为节省能源和资源，使人类已经探明的有限的能源和资源得以延长使用年限。这本身就是对生态环境做出了贡献，也符合可持续发展战略的要求。同时降低能源和资源消耗，也就降低了危害生态环境的污染物产生量，从而减少了治理的工作量。生产中常用的方法如采用免烧或者低温合成，以及提高热效率、降低热损失和充分利用原料等新工艺、新技术和新型设备。此外，还包括采用新开发的原材料和新型清洁能源生产的产品。

（2）环保利废型建材：这是指在建材行业中利用新工艺、新技术，对其他工业生产的废弃物或者经过无害化处理的人类生活垃圾加以利用而生产出的建材产品。例如，使用工业废渣或者生活垃圾生产水泥，使用电厂粉煤灰等工业废弃物生产墙体材料等。

（3）特殊环境型建材：这是指能够适应恶劣环境需要的特殊功能的建材产品，如能够适用于海洋、江河、地下、沙漠、沼泽等特殊环境的建材产品。这类产品通常都具有超高的强度、抗腐蚀、耐久性能好等特点。我国开采海底石油、建设长江三峡大坝等宏伟工程都需要这类建材产品。产品寿命的延长和功能的改善，都是对资源的节省和对环境的改善。

比如寿命增加 1 倍，等于生产同类产品的资源和能源节省了 50%，对环境的污染也减少了 50%。相比较而言，长寿命的建材比短寿命的建材就更增加了一分“绿色”的成分。

（4）安全舒适型建材：安全舒适建材是指具有轻质、高强、防火、防水、保温、隔热、隔声、调温、调光、无毒、无害等性能的建材产品。这类产品纠正了传统建材仅重视建筑结构和装饰性能，而忽视安全舒适方面功能的倾向，因而此类建材非常适用于室内装饰装修。

（5）保健功能型建材：保健功能型建材是指具有保护和促进人类健康功能的建材产品。它具有消毒、防臭、灭菌、防霉、抗静电、防辐射、吸附二氧化碳等对人体有害的气体等功能。这类产品是室内装饰装修材料中的新秀，也是值得今后大力开发、生产和推广使用的新型建材产品。

（二）传统建筑材料的绿色化

固体废物的再生利用是节约资源、实现绿色建筑材料发展的一个重要途径。同时，也减少了污染物的排放，避免末端处理的工序，保护了环境。一般来说，传统材料主要追求材料的使用性能；而绿色建筑材料追求的不仅是良好的使用性能，而且从材料的制造、使用、废弃直至再生利用的整个寿命周期中，必须具备与生态环境的协调共存性，对资源、能源消耗少，生态环境影响小，再生资源利用率高，或可降解使用。

传统建筑材料工业作为一种产业，节约资源、能源，保护生态环境也是本身能够持续发展的需要。例如，利用煤矸石制作砖和水泥；利用粉煤灰和煤渣制作蒸养砖和烧结砖；生产陶粒硅酸盐砌块，做混凝土和水泥砂浆的掺合料；利用高炉渣制作水泥和湿碾矿渣混凝土；利用钢渣制作砖和水泥等，都是高效利用固体废物，考虑建筑材料的再生循环性，使建材工业走可持续发展之路。

未来建材工业总的发展原则应该具有健康、安全、环保的基本特征，具有轻质、高强、耐用、多功能的优良技术性能和美学功能，还必须符合节能、节地、利废三个条件。通常使用的建筑材料包括水泥、混凝土及其制品，各种玻璃、钢材、铝材、木材、高分子聚合材料、建筑卫生陶瓷等，以下对这些绿色建筑材料做介绍：

1. 水泥与混凝土类建材绿色化

传统水泥从石灰石开采，经窑烧制成熟料，再加入石膏研磨成水泥，生产过程耗用大量煤与电源，并排放大量二氧化碳，污染了环境，不是绿色建材。为了水泥建材的绿色化，我国发展以新型干法窑为主体的具有自主知识产权的现代水泥生产技术，大量节约了资源，减少了二氧化碳的排放量，采用高效除尘技术、烟气脱硫技术等，基本解决了粉尘、二氧化碳和氧化氮气体的排放及噪声污染问题。高性能绿色水泥应具有高强度、优异耐久性和低环境负荷三大特征。因此，改变水泥品种，降低单方混凝土中的水泥用量，将大大减少水泥建材工业带来的温室气体排放和粉尘污染，还能够降低其水化热，减少收缩开裂的趋势。

2. 建筑玻璃的绿色化

绿色建筑玻璃应包括生产的绿色化和使用的绿色化：一是节能，门洞窗口是节能的薄弱环节，玻璃节能性能反映了绿色化程度；二是提高玻璃窑炉的熔化规模，其燃烧方式有氧气喷吹、氧气浓缩、氧气增压等先进燃烧工艺，比传统方式提高了生产清洁度，降低能耗，减少污染物排放和延长熔炉寿命；三是有高度的安全性，防治化学污染和物理污染。对于不同地区，要有不同的选择。

3. 建筑用金属材料的绿色化

建筑用金属材料一般是指建筑工程中所应用的各种钢材（如各种型钢、钢板、钢筋、钢管和钢丝等）和铝材（如铝合金型材、板材和饰材等）。钢铁工业向大型化、高效化和连续化生产方向发展。以后通过提高炼铸比，向上游带动铁水预处理、炉外精炼和优化炼钢技术，向下游带动各类轧机的优化，实现坯铸热装热送、直接轧制和控制轧制等，最终实现钢材的绿色化生产。我国的铝土矿资源丰富，但氧化铝的含量也很高，所以建筑铝材的绿色化决定了必须采用高温熔出，用流程复杂的联合法处理，增加氧化铝生产的投资和能耗。

4. 木材的绿色化

木材是人类社会最早使用的材料，也是直到现在一直被广泛使用的优秀生态材料，它是一种优良的绿色生态原料，但在其制造、加工过程中，由于使用其他胶黏剂而破坏了产品原有的绿色生态性能。目前的问题是，人类对一切可再生资源的开发和获取规模及强度要限制在资源再生产的速度之下，不能过度耗费资源而导致其枯竭，木材要达到采补平衡。木材的绿色化生产除具有优异的物化性能和使用性能外，还必须具有木材的生态环境协调性，在绿色化生产过程中，对每一道工序都严格按照环境保护要求，不仅从污染角度加以考虑，同时从产品的实用性、生态性、绿色度等方面进行调整。木材的生产工艺可归结为原料的软化和干燥、半成品加工和储存、施胶、成型和预压、热压、后期加工、深度加工等。木材的绿色化生产的关键是进行木材的生态适应性判断，应具备木材生产能耗低，生产过程无污染，原材料可再资源化，不过度消耗资源，使用后或解体后可再利用，可保证原材料的持续生产，废料的最终处理不污染环境，对人的健康无危害，同时达到环境负荷较小并保留木材的适应性，创造出人类与环境和谐的协调系统。

5. 化学建材的绿色化

化学建材是指以合成高分子材料为主要成分，配有各种改性成分，经加工制成的用于建设工程的各类材料。目前，化学建材主要包括塑料管道、塑料门窗、建筑防水涂料、建筑涂料、建筑壁纸、塑料地板、塑料装饰板、泡沫保温材料和建筑胶黏剂等各类产品。例如，由于本身导热性差和多腔室结构，塑料门窗型材具有显著的节能效果。它在生产环节、使用环节不但可以节约大量的木、钢、铝等材料和生产能耗，还可以降低建筑物在使用过程中的能量消耗。因此，应大力发展多腔室断面设计，降低型材壁厚，增加内部增强筋与腔室数量，一般是 9~13 个，用于别墅和低层建筑时不需要加钢衬，且提高了其保温、隔热、隔声效果，具有很好的绿色化效果。

传统的建筑涂料大多是有机溶剂型涂料，在使用过程中释放出有机溶剂，室内长期存在大量的可挥发性的有机物，除对人体有刺激外，还会影响到视觉、听觉和记忆力，会使人感到乏力和头疼。有资料介绍，从室内空气中可析出近百种有机物，其中有20余种具有致突变性（包括致癌）作用，大部分来自化学建材。因此，开发非有机溶剂型涂料等绿色化学建材（如水性涂料、辐射固化涂料、杀虫涂料等）就显得非常重要。传统的建筑涂料和建筑胶黏剂在使用中放出甲醛等有害气体，现正向无毒、耐热、绝缘、导热的绿色化方向发展。

6. 建筑卫生陶瓷的绿色化

建筑卫生陶瓷产品具有洁净卫生、耐湿、耐水、耐用、价廉物美、易得等诸多优点，其优异的使用功能和艺术装饰功能美化了人们的生活环境，满足了人们物质生活和精神生活的双重需要，但陶瓷的生产又以资源的消耗、环境的污染与破坏为代价。因此，建筑卫生陶瓷绿色化是一项解决发展中问题的系统性工作，也是行业可持续发展的保证。建筑卫生陶瓷的绿色化贯穿产品的生产和消费全过程，包括产品的绿色化和生产过程的绿色化。

产品绿色化的重点如下：推广使用节水、低放射性、使用寿命长的高性能产品；超薄及具有抗菌、易洁、调湿、透水、空气净化、蓄光发光、抗静电等新功能产品；利于使用安全、铺贴牢固、减少铺贴辅助耗材、实现清洁施工的产品等。

建筑卫生陶瓷生产过程的绿色化重点如下：陶瓷矿产资源的合理开发综合利用，保护优质矿产资源、开发利用红土类等铁钛含量高的低质原料及各种工业尾矿、废渣；推行清洁生产与管理，陶瓷废次品、废料的回收、分类处理与综合利用，洁净燃料的使用与废气治理，废水的净化和循环利用，粉尘噪声的控制与治理；淘汰落后，开发推广节能、节水、节约原料、高效的生产技术及设备等。

建筑陶瓷绿色化要求树立陶瓷“经济—资源—环境”价值协同观，在发展中持续改进、提高、优化。绿色化需要企业、政府、消费者及社会各界的重视；需要正确处理眼前利益与长远利益、局部利益与公众利益的关系；需要法律、法规、道德的约束和超前的远见卓识；需要正确的引导与调控、严格的管理与监督；需要政策的鼓励和科技的支持。建筑卫生陶瓷绿色化不应仅是概念的炒作或是产品的标签，而是功在当代、利在千秋的事业，这也是“建筑卫生陶瓷消费者专家援助机构”努力追求的目标。

由于一些传统建材工业，如水泥业、黏土砖瓦业等大量消耗能源、污染环境，而且产品性能上逐渐不能满足现代建筑业的要求，严重影响着社会可持续发展。因此，在国家建材和建筑业发展的产业政策中，发展新型建材一直是主导方向之一。但是，新型建材是一个相对和发展的概念，其演变在时空上既具有连续性也具有阶段性。纵观我国新型建材的发展历程，它的内涵随着我国生产力发展水平和环保意识的提高，一直在不断深化与发展。早期的新型建筑材料往往被理解为不同于传统的砖、瓦、灰、砂、石等建筑材料，节能、代钢、代木、利废等材料成为主要产品。随着资源逐渐枯竭、能源持续短缺、环境污染日趋恶化，新型建材逐渐向少用或不用黏土原料、生产过程中节能降污，以及发展具有显著建筑节能的材料等方向发展。

二、建筑节材技术

清水混凝土极具装饰效果，所以又称装饰混凝土。它浇筑的是高质量的混凝土，而且在拆除浇筑模板后，不再进行任何外部抹灰等工程。它不同于普通混凝土，表面非常光滑，棱角分明，无任何外墙装饰，只是在表面涂一层或两层透明的保护剂，显得十分天然、庄重。采用清水混凝土作为装饰面，不仅美观大方，而且节省了附加装饰所需的大量材料，堪称建筑节材技术的典范。

在土木工程的建筑物和构筑物中，结构永远是最重要、最基础的组成部分。无论是古代人为自己或家庭建造简单的掩蔽物，还是现代人建造可以容纳成百上千人在其中生产、贸易、娱乐的大空间以及各种工程构筑物，都必须采用一定的建筑材料，建造成具有足够抵抗能力的空间骨架，抵御自然界可能发生的各种作用力，为人类生产和生活服务，这种空间骨架称为结构。

1. 房屋都是由基本构件有序组成的

每一栋独立的房屋都是由各种不同的构件有规律按序组成的，这些构件从其承受外力和所起作用上看，大体可以分成结构构件和非结构构件两种类别。

（1）结构构件：起支撑作用的受力构件，如板、梁、墙、柱。这些受力构件的有序结合可以组成不同的结构受力体系，如框架、剪力墙、框架—剪力墙等，用来承担各种不同的垂直、水平荷载及产生各种作用。

（2）非结构构件：对房屋主体不起支撑作用的自承重构件，如轻隔墙、幕墙、吊顶、内装饰构件等。这些构件也可以自成体系和自承重，但一般条件下均视其为外荷载作用在主体结构上。

上述构件的合理选择和使用对于节约材料至关重要，因为在不同的结构类型、结构体系里有着不同的特质和性能。所以在房屋节材工作中需要特别做好结构类型和结构体系的选择。

2. 不同材料组成的结构类型

建筑结构的类型主要以其所采用的材料作为依据，在我国主要有以下几种结构类型：

（1）砌体结构

其材料主要有砖砌块、石体砌块、陶粒砌块及各种工业废料所制作的砌块等。建筑结构中所采用的砖一般指黏土砖。黏土砖以黏土为主要原料，经泥料处理、成型、干燥和焙烧而成。黏土砖按其生产工艺不同可分为机制砖和手工砖；按其构造不同又可分为实心砖、多孔砖、空心砖。砖块不能直接用于形成墙体或其他构件，必须将砖和砂浆砌筑成整体的砖砌体，才能形成墙体或其他结构。砖砌体是我国目前应用广泛的一种建筑材料。与砖类似，石材也必须用砂浆砌筑成石砌体，才能形成石砌体或石结构。石材较易就地取材，在产石地区采用石砌体比较经济，应用较为广泛。

砌体结构的优点：能够就地取材、价格比较低廉、施工比较简便，在我国有着悠久的历史和经验。缺点：结构强度比较低，自重大、比较笨重，建造的建筑空间和高度都受到一定的限制。其中采用最多的黏土砖还要耗费大量的农田。应当指出，我国近代所采用的各种轻质高强的空心砌块，正在逐步改进原有砌体结构的不足，在扩大其应用上发挥了十分重要的作用。

（2）木结构

其材料主要有各种天然和人造的木质材料。这种结构的优点是结构简便，自重较轻，建筑造型和可塑性较大，在我国有着传统的应用优势。缺点是需要耗费大量宝贵的天然木材，材料强度也比较低，防火性能较差。一般条件下，建造的建筑空间和高度都受到很大限制，在我国应用的比率也比较低。

（3）钢筋混凝土结构

其材料主要有砂、石、水泥、钢材和各种添加剂。通常讲的“混凝土”一词，是指用水泥做胶凝材料，以砂、石子做骨料与水按一定比例混合，经搅拌、成型、养护而得的水泥混凝土，在混凝土中配置钢筋形成钢筋混凝土构件。

这种结构的优点是材料中主要成分可以就地取材，混合材料中级配合理，结构整体强度和延展性都比较高，其创造的建筑空间和高度都比较大，也比较灵活，造价适中，施工也比较简便，是当前我国建筑领域采用的主导建筑类型。缺点是结构自重相对砌体结构虽然有所改进，但还是相对偏大，结构自身的回收率也比较低。

（4）钢结构

其材料主要为各种性能和形状的钢材。这种结构的优点是结构轻质高强，能够创造很大的建筑空间和高度，整体结构也有很高的强度和延伸性。在现有技术经济环境下，符合大规模工业化生产的需要，施工快捷方便，结构自身的回收率也很高，这种体系在世界和我国都是发展的方向。缺点是在当前条件下造价相对比较高，工业化施工水平也有比较高的要求，在大面积推广的道路上，还有一段路程要走。

结构选型是由多种因素确定的，如建筑功能、结构的安全度、施工的条件、技术经济指标等，但应充分考虑节约建筑自身的材料，并使其循环利用。要做到这一点，在选择结构类型时需要考虑如下一些基本原则：优先选择“轻质高强”的建筑材料；优先选择在建筑生命周期中自身可回收率比较高的材料；因地制宜优先采用技术比较先进的钢结构和钢筋混凝土结构。

三、废弃物利用与建筑节材

此处所谓的“再生房屋”，意思是建造房屋采用的建筑材料中含有一定量的废弃物。

可以用于生产建筑材料的废弃物很多，主要有建筑垃圾、工业废渣、农业废弃植物秸秆等。

（一）建筑垃圾再生利用

建筑垃圾大多为固体废弃物，一般是在建设过程中或旧建筑物维修、拆除过程中产生的。过去我国绝大部分建筑垃圾未经任何处理，便被施工单位运往郊外或乡村，露天堆放或填埋，造成不容忽视的后果，恶化生态环境。例如，碱性的混凝土废渣使大片土壤失去活性，植物无法生长；使地下水、地表水水质恶化，危害水生生物的生存和水资源的利用。建筑垃圾堆场占用了大量的土地甚至耕地。在我国，建筑垃圾堆场占地进一步加剧了我国人多地少的矛盾。影响市容和环境卫生。建筑垃圾堆场一般位于城郊，堆放的建筑垃圾不可避免地会产生粉尘、灰沙飞扬，不仅严重影响了堆场附近居民的生活环境，粉尘、灰沙随风飘落到城区还将影响市容环境。

可见，大量的建筑垃圾若仅仅采取向堆场排放的简单处置方法，产生的危害则直接威胁着人类生存环境和生态环境，在很大程度上制约着社会可持续发展战略的实施。建筑垃圾资源化利用新技术已成为世界各国共同关注的热点问题和前沿课题。例如，国内外已经开始探索利用废旧建筑塑料、废旧防水卷材、废弃混凝土、废弃砖瓦、再生水、废弃植物纤维及工业废渣、城市垃圾等生产的再生建材建造房子。

在建筑垃圾综合利用方面，日本、美国、德国等工业发达国家的许多先进经验和处理方法很值得我们借鉴。

发达国家已经或正在积极探索将垃圾变为一种新资源，一直发展成一个新兴的大产业。据美国新兴预测委员会和日本科技厅等有关专家做出的预测：全球在能源、资源、农业、食品、信息技术、制造业和医药领域，将出现十大新兴技术，其中有关垃圾处理的新兴技术排在第二位。

世界上首次大量利用建筑垃圾的国家是联邦德国。在第二次世界大战后的重建期间，循环利用建筑垃圾不仅降低了现场清理费用，而且大大缓解了建材供需矛盾。

1. 废弃混凝土

废弃混凝土是建筑业排出量最大的废弃物。韩国一家装修公司已成功开发出从废弃混凝土中分离水泥，并使这种水泥再生利用的技术。首先把废弃混凝土中的水泥与石子、钢筋等分离开来，然后在 700℃的高温下对水泥进行加热处理，并添加特殊的物质，就能生产出再生水泥。据称每 100 吨废弃混凝土就能够获得 30 吨左右的再生水泥，这种再生水泥的强度与普通水泥几乎一样，有些甚至更好。这种再生水泥的生产成本仅为普通水泥的 50%，而且在生产过程中不产生二氧化碳，利于环保。韩国平均每天产生 5 万多吨废弃混凝土，而且水泥的原料石灰石资源也正在枯竭，因此，这项技术不仅有利于解决建设中的废弃物问题，还能解决天然石资源短缺问题。

2. 废旧建筑塑料

对于废弃塑料（包括废旧建筑塑料），世界各国都已经进行了不同程度的回收再利用。

美国一直是世界塑料生产第一大国，每年产生的塑料废弃物也居世界首位。美国在将废旧塑料进行热分解提取化工原料等方面进行了大量工作并取得了一些成果，已经开始尝试将塑料产品设计为易于重复循环利用的分子结构形式。

3. 废旧防水卷材

由于防水卷材用量巨大，使用寿命偏低，所以在相当长一段时间内，我国会产生越来越多的废旧防水卷材，如果不进行合理回收，对环境会造成严重危害。由于防水卷材都是有机材料制成的，其可再利用价值较大。但是在我国，由于缺乏先进技术和设备，目前国内基本没有对废旧的防水卷材进行回收，这不仅是对废旧防水卷材资源的极大浪费，还对环境产生了严重污染。所以，开发防水卷材的回收利用技术十分重要而且非常必要。

4. 废旧玻璃

国外积极采用其他废弃物来生产建筑材料，如利用废玻璃。瑞士以碎玻璃为原料、天然气为燃料，用回转窑生产质量和技术要求较低的泡沫玻璃颗粒，作为性能优越的隔热、防潮、防火、永久性的高强轻质骨料，用于建筑业。美国把碎玻璃应用于混凝土中，许多研究表明含有 35% 玻璃砖石的混凝土，已达到或超出美国材料测试协会颁布的抗压强度、线收缩、吸水性和含水量的最低标准。虽然早期的试验表明某些高碱水泥能侵蚀玻璃骨料，但是已有许多方法可以解决该问题。用掺有发泡剂的玻璃粉，加热到玻璃熔化点，直至冷却之前，气泡由加热的混合物中逸出，在硬的球体上产生多孔结，用控制泡孔形成量的方法，可制成密度接近固态玻璃并能浮在水中的轻质骨料。

以碎玻璃为主要原料生产的墙地面装饰板材及道路和广场用砖，是一种环保型绿色建材，称为玻晶砖。它具有仿玉或仿石两种质感。这种新材料的性能优于粉煤灰硅酸盐水泥砌块、水磨石、陶瓷砖，与烧结法微晶玻璃（也称微晶石或玉晶石）相当。它的莫氏硬度可达 6 左右，远高于水磨石，因而它的使用寿命比水磨石或石塑板要长得多；它的抗折强度为 40~50 兆帕，远大于陶瓷砖；由于它的孔隙率比花岗岩小得多，因而更易清洁，而且色差小、无放射性，较好地解决了困扰花岗岩乃至陶瓷砖做外墙或地面装饰时的“吸脏”难题；由于利用废物能耗低、工艺流程短和投资小，所以生产成本较低。

（二）工农业废弃物与建筑材料

1. 粉煤灰

粉煤灰是火力发电厂排出的一种工业废渣。无论从节约能源、再利用资源，还是从保护地球环境来说，粉煤灰的再利用都是很迫切的。一些发达国家如美国、英国、德国、日本等都把粉煤灰再利用技术作为一项国策，我国也越来越重视粉煤灰综合利用技术和产业发展。

粉煤灰是一种人工火山灰质材料。粉煤灰的化学组成主要是硅质和硅铝质材料，其中氧化硅、氧化铝及氧化铁等的总含量一般为 85% 左右，其他的如氧化钙、氧化镁和氧化硫的含量一般较低。粉煤灰的矿物组成主要是晶体矿物和玻璃体，在经历了高温分解、烧结、熔融及冷却等过程后，玻璃体结构在粉煤灰中占据了主要地位，晶体矿物则以石英、莫来石等为主。这种矿物组成使得粉煤灰具有独特的性质。就粉煤灰的颗粒特性来看，主要由玻璃微珠、多孔玻璃体及碳粒组成，其粒径为0.001~0.1毫米。粉煤灰的上述性质决定了它十分适用于建筑材料的生产，如作为水泥掺合料、混凝土掺合料，生产墙板材料、加气混凝土、陶粒、粉煤灰烧结砖、蒸压粉煤灰砖等。

2. 矿渣

冶金工业产生的矿渣有很多种，如钢铁矿渣、铜矿渣、铅矿渣、锡矿渣等，其中钢铁矿渣排放量占绝大多数，故此处矿渣专指钢铁矿渣。矿渣是冶炼钢铁时，由铁矿石、焦炭、废钢及石灰石等造渣剂通过高温反应排出的副产品。矿渣在产生过程中经过适宜的热处理、冷却固化、加工处理后，其化学成分、物理性质等都与天然资源相似，可应用于许多领域。钢铁矿渣因其潜在水硬性高、产量大、成本低，可以用于多种建筑材料生产中。钢铁矿渣已经成为水泥生产中首选的混合材料，它还可以代替黏土、砂、石等材料生产砖、砌块及矿棉、微晶玻璃等多种建筑材料。将矿渣用作建筑材料生产的原料，不仅避免了矿渣对环境的污染，而且节约了大量天然资源，符合循环经济发展要求。

近年来，国际上采用先进粉磨技术将矿渣单独磨细至比表面积达400平方米/千克以上，用作水泥混合材可提高渗入比例达70%以上而不降低水泥强度，用作混凝土掺合料可等量取代20%~50%的水泥，能配制成高性能混凝土，起到节能降耗、降低成本、保护环境和提高矿渣利用附加值的作用。

3. 硅灰

硅灰又称微硅粉，是在冶炼硅铁和工业硅时，通过烟道排出的硅蒸汽氧化后，经收尘器收集得到的具有活性的、粉末状的二氧化硅（SiO_2）。硅灰含有85%~95%以上玻璃态的活性SiO_2，硅灰平均粒径为0.1~0.15微米，为水泥平均粒径的几百分之一。比表面积为15~27平方米/克，具有极强的表面活性。硅灰主要应用于水泥或混凝土掺合料，以改善水泥或混凝土的性能，配制具有超高强、耐磨、耐冲刷、耐腐蚀、抗渗透、抗冻、早强的特种混凝土。由于采用硅灰配制的混凝土很容易达到高强度、高耐久性，所以使混凝土建筑构件承载断面得以减小，混凝土建筑的使用寿命得以延长，容易实现建筑节材的目的。

4. 稻壳灰

我国是世界上主要的水稻生产国之一，稻壳是大米生产过程中的副产品。由于合成饲料的发展，原来可用作饲料的稻壳失去了市场，大量的稻壳只能采用简单焚烧的方法处理，排放的烟尘污染环境。事实上，稻壳经过燃烧形成的稻壳灰，其性质与硅灰相似，含有大量活性SiO_2，具有高活性、高细度，非常适合于生产多种建筑材料。例如，日本将稻壳灰与水泥、树脂混匀，经快速投压制得砖块，具有防火、防水及隔热性能，质量轻，且不易碎裂。

5. 煤矸石

我国是世界上产煤大国之一，能源结构以煤为主。煤矸石是夹在煤层中的岩石，是采煤和洗煤过程中排出的固体废弃物。煤矸石是我国排放量最大的工业废渣之一，每年的排放量相当于当年煤炭产量的 10% 左右，达到 1 亿多吨。

分析煤矸石煅烧后的灰渣化学成分可知，煅烧煤矸石或自燃煤矸石可作为混凝土掺合料使用：一是能降低水泥用量，降低能源消耗；二是能大量利用工业废渣，降低对环境的污染；三是能改善水泥混凝土的性能，增加水泥混凝土的抗炭化和抗硫酸盐侵蚀等能力。煤矸石经过适当处理后还可以作为其他建筑材料的原材料。

煤矸石的堆存，不仅浪费了宝贵的资源，而且严重污染大气及生态环境，危害人们的身体健康，占用大片土地。我国目前对煤矸石的利用技术相对落后，导致煤矸石利用率不高。

6. 淤泥

我国地域辽阔，江河湖泊众多，每年清淤会产生大量的淤泥。我国沿海地区还有大量的淤积海泥，并呈逐年上升趋势，已对海洋环境和沿海地区的生态平衡造成一定影响。据有关部门调查，目前我国仅湖泊、河道拥有的淤泥，每年的采集量至少可达 7000 万吨，加上城市下水道的淤泥，每年的总采集量可达 1 亿吨以上。如此大量的淤泥（尤其是含有很多有害物质的城市下水道淤泥）随意堆放势必对自然环境造成污染，而且堆放会占用大量耕地，还要赔偿青苗费、土地平整费等，大大增加了河道疏浚的成本。所以，加强对各种淤泥的综合利用技术开发，已成为一项迫切任务。大多数淤泥当中含有很多硅质材料和钙质材料，品质合格的淤泥适合用作多种建筑材料的原料。例如，江河湖泊的淤泥其矿物成分一般以高岭土为主，其次是石英、长石及铁质，有机含量较少，淤泥的颗粒大多数在 80 微米以下，含有一定量的粗屑垃圾及细砂。就淤泥的成分来看，它完全可以作为建筑材料的原材料。按目前的工艺技术，品质合格的淤泥至少可以应用在三种建材产品中，替代水泥企业生产的辅助原料，如页岩、砂岩、黏土等；用于开发人造轻集料（淤泥陶粒）及制品；用以取代黏土开发高档次的新型墙体材料。例如，在我国的江浙等地，淤泥不再是负担而是变成了资源，制砖企业用它来制造砖瓦。

建材行业参与开发利用淤泥资源，还具有良好的综合效益。仅以利用江河湖泊的淤泥来看，既能疏浚整治河道，加大了河道蓄水量和过水量，恢复和提高其引排能力和防洪标准，又能减轻农民负担与河道工程投入对地方财政的压力，为加快河道疏浚步伐和实现水利建设良性循环开辟了切实有效的途径，同时还能帮助建材企业提供新的原料来源，节约其他宝贵自然资源；既能有效地消除淤泥堆存造成的环境污染，减轻环境承受负担，又能有效节约和保护耕地资源。对淤积海泥的利用还能在相当大的海域范围消除赤潮污染和航道阻塞现象，有利于海湾生态环境保护和发展海洋经济。

7. 农作物秸秆

我国农村的农作物秸秆虽然十分丰富，但是利用率和利用质量不高。目前我国有相当部分的秸秆资源没有得到合理开发利用，秸秆综合利用率很低，经过技术处理后利用的仅约占 2.6%。农作物秸秆是一种十分宝贵的生物可再生资源，不恰当的处理不仅造成资源浪费，而且污染环境，毁坏树木和耕地，甚至引发交通、火灾等重大安全事故。如何做好农作物秸秆的转化工作已成为亟待解决的问题。废弃植物纤维由于具有很多良好的性能，在建筑材料中应用具有一定的性能潜力。例如，可以开发研究绿色环保型植物纤维增强水泥基建筑材料及制品，变废为宝，不仅十分有利于消化吸收大量的农作物秸秆等废弃植物纤维，减轻环境污染，而且为建筑材料生产提供了廉价的原材料来源，减少了建筑材料生产对矿产等宝贵天然资源的蚕食，促进循环经济发展。德国在农作物秸秆用于建筑材料方面获得了诸多发明新成果，值得我们借鉴：

（1）用秸秆为填充料，以膨润土或膨润类黏土为基料，以水玻璃做黏结剂按适当配比配料。生产工艺是将秸秆切割成一定尺寸，与其他原料混合，喂入挤压机，连续挤压成一定宽度和厚度的坯板，然后按一定长度切割，在自然环境或热风下干燥，再机械加工成可供建筑安装的板材。该板材适用于建筑物内外墙，其特色是轻质高强，适应各种气候变化。

（2）用秸秆为基料，以硅酸盐水溶液和水玻璃做黏结剂，按需要添加淀粉或有机纤维素成型助剂，外掺亚黏土配料。将该配合料混合，均化处理、注模，在一定压力和温度下热压干燥一定时间，可生产出具有良好隔热隔声性能的轻质高强建筑板材。

（3）用聚异氰酸酯有机黏结剂与秸秆配料，外掺用作防火剂的水玻璃、抗静电剂和杀菌剂，经模压工艺成型，由此制成的建筑板材具有轻质、低导热性、防静电、阻燃、抗菌的功能。

（4）将短切秸秆浸泡在硼砂溶液中处理，取出放干，再经氢氧化钙悬浮液里处理，取出放干。经这样处理的秸秆可作为保温隔热、隔声、防火的优质芯材，生产轻质夹芯复合墙板。

（5）用秸秆的屑与亚黏土配料生产出超轻质建筑砖。

四、绿色建筑材料的评价体系

现有的绿色建材的评价指标体系分为两类：第一类为单因子评价体系，一般用于卫生类，包括放射性强度和甲醛含量等。在这类指标中，有一项不合格就不符合绿色建材的标准。第二类为复合类评价指标，包括挥发物总含量、人体感觉试验、耐燃等级和综合利用指标。在这类指标中，如果有一项指标不达标，并不一定排除出绿色建材范围。大量研究表明，与人体健康直接相关的室内空气污染主要来自室内墙面、地面装饰材料，以及门窗、家具等制作材料等。这些材料中 VOC、苯、甲醛、重金属等的含量及放射性强度均会对人体健康造成损害，损害程度不仅与这些有害物质含量有关，而且与其散发特性即散发时间有关。因此，绿色建材测试与评价指标应综合考虑建材中各种有害物质含量及散发特性，并选择科学的测试方法，确定明确的可量化的评价指标。

在评价建筑的资源消耗时必须考虑建筑材料的可再生性。建筑材料的可再生性是指材料受到损坏但经加工处理后可作为原料循环再利用的性能。一是可进行无害化的解体，二是解体材料再利用，如生活和建筑废弃物的利用，通过物理或化学的方法解体，做成其他建筑部品。具备可再生性的建筑材料包括钢筋、型钢、建筑玻璃、铝合金型材、木材等。钢铁（包括钢筋、型钢等）、铝材（包括铝合金、轻钢大龙骨等）的回收利用性非常好，而且回收处理后仍可在建筑中利用，这也是提倡在住宅建设中大力发展轻钢结构体系的原因之一。可以降解的材料如木材甚至纸板，能很快再次进入大自然的物质循环，在现代绿色建筑中经过技术处理的纸制品已经可以作为承重构件而被采用。

第四节　绿色建筑的智能化技术安装与研究

一、住宅智能化系统

绿色住宅建筑的智能化系统是指通过智能化系统的参与，实现高效的管理与优质的服务，为住户提供一个安全、舒适、便利的居住环境，同时最大限度地保护环境、节约资源（节能、节水、节地、节材）和减少污染。居住小区智能化系统由安全防范系统、管理与监控系统、信息网络系统和智能型产品组成。

居住小区智能化系统是通过电话线、有线电视网、现场总线、综合布线系统、宽带光纤接入网等组成的信息传输通道，安装智能产品，组成各种应用系统，为住户、物业服务公司提供各类服务平台。

安全防范系统由以下五个功能模块组成：

1. 居住报警装置；

2. 访客对讲装置；

3. 周边防越报警装置；

4. 闭路电视监控装置；

5. 电子巡更装置。

管理与监控系统由以下五个功能模块组成：

1. 自动抄表装置；

2. 车辆出入与停车管理装置；

3. 紧急广播与背景音乐；

4. 物业服务计算机系统；

5. 设备监控装置。

通信网络系统由以下五个功能模块组成：

1. 电话网；

2. 有线电视网；

3. 宽带接入网；

4. 控制网；

5. 家庭网。

智能型产品由以下六个功能模块组成：

1. 节能技术与产品；

2. 节水技术与产品；

3. 通风智能技术；

4. 新能源利用的智能技术；

5. 垃圾收集与处理的智能技术；

6. 提高舒适度的智能技术。

绿色住宅建筑智能化系统的硬件较多，主要包括信息网络、计算机系统、智能型产品、公共设备、门禁、IC 卡、计量仪表和电子器材等。系统硬件首先应具备实用性和可靠性，应优先选择适用、成熟、标准化程度高的产品。这个理由是十分明显的，因为居住小区涉及几百户甚至上千户住户的日常生活。另外，由于智能化系统施工中隐蔽工程较多，有些预埋产品不易更换。小区内居住有不同年龄、不同文化程度的居民，因此，要求操作尽量简便，具有较高的适用性。智能化系统中的硬件应考虑先进性，特别是对建设档次较高的系统，其中涉及计算机、网络、通信等部分的属于高新技术，发展速度很快，因此，必须考虑先进性，避免短期内因选用的技术陈旧，造成整个系统性能不高，不能满足发展而过早淘汰。另外，从住户使用来看，要求能按菜单方式提供功能，这要求硬件系统具有可扩充性。从智能化系统总体来看，由于住户使用系统的数量及程度的不确定性，要求系统可升级，具有开发性，提供标准接口，可根据用户实际要求对系统进行拓展或升级。所选产品具有兼容性也很重要，系统设备优先选择按国际标准或国内标准生产的产品，便于今后更新和日常维护。系统软件是智能化系统中的核心，其功能好坏直接关系到整个系统的运行。居住小区智能化系统软件主要是指应用软件、实时监控软件、网络与单机版操作系统等，其中最为关注的是居住小区物业服务软件。对软件的要求如下：应具有高可靠性和安全性；软件人机界面图形化，采用多媒体技术，使系统具有处理声音及图像的功能；软件应符合标准，便于升级和更多地支持硬件产品；软件应具有可扩充性。

二、安全防范系统

安全防范子系统是通过在小区周界、重点部位与住户室内安装安全防范装置，并由小区物业服务中心统一管理，来提高小区安全防范水平。它主要有住宅报警装置、访客对讲装置、周界防越报警装置、视频监控装置、电子巡更装置等。

1. 住宅报警装置

住户室内安装家庭紧急求助报警装置。家里有人得了急病、发现了漏水或其他意外情况，可按紧急求助报警按钮，小区物业服务中心立即收到此信号，速来处理。物业服务中心还应实时记录报警事件。

依据实际需要还可安装户门防盗报警装置、阳台外窗安装防范报警装置、厨房内安装燃气泄漏自动报警装置等。有的还可做到一旦家里进了小偷，报警装置会立刻打手机通知你。

2. 访客可视对讲装置

家里来了客人，只要在楼道入口处，甚至在小区出入口处按一下访客可视对讲室外主机按钮，主人通过访客可视对讲室内机，在家里就可以看到或听到谁来了，便可开启楼寓防盗门。

3. 周界防越报警装置

周界防范应遵循以阻挡为主、报警为辅的思路，把入侵者阻挡在周界外，让入侵者知难而退。为预防安全事故发生，应主动出击，争取有利的时间，把一切不利于安全的因素控制在萌芽状态，确保防护场所的安全和减少不必要的经济损失。

小区周界设置越界探测装置，一旦有人入侵，小区物业服务中心可以立即发现非法越界者，并进行处理，还能实时显示报警地点和报警时间，自动记录与保存报警信息。物业服务中心还可采用电子地图指示报警区域，并配置声、光提示。

4. 视频监控装置

根据小区安全防范管理的需要，对小区的主要出入口及重要公共部位安装摄像机，也就是“电子眼”，直接观看被监视场所的一切情况。可以把被监视场所的图像、声音同时传送到物业服务中心，使被监控场所的情况一目了然。物业服务中心通过遥控摄像机及其辅助设备，对摄像机云台及镜头进行控制；可自动 / 手动切换系统图像，并实现对多个被监视画面长时间的连续记录，从而为日后对曾出现过的一些情况进行分析，为破案提供极大的方便。

同时，视频监控装置还可以与防盗报警等其他安全技术防范装置联动运行，使防范能力更加强大。特别是近年来，数字化技术及计算机图像处理技术的发展，使视频监控装置在实现自动跟踪、实时处理等方面有了更长足的发展，从而使视频监控装置在整个安全技术防范体系中具有举足轻重的地位。

5. 电子巡更系统

随着社会的发展和科技的进步，人们的安全意识也在逐渐提高。以前的巡逻主要靠员工的自觉，巡逻人员在巡逻的地点上定时签到，但是这种方法又不能避免一次多签，从而形同虚设。电子巡更系统有效地防止了人员对巡更工作不负责的情况，有利于进行有效、公平合理的监督管理。

电子巡更系统分在线式、离线式和无线式三大类。在线式和无线式电子巡更系统是在监控室就可以看到巡更人员所在巡逻路线及到达的巡更点的时间，其中无线式可简化布线，适用于范围较大的场所。离线式电子巡更系统巡逻人员手持巡更棒，到每一个巡更点器采集信息后，回物业服务中心将信息传输给计算机，就可以显示整个巡逻过程。相比于在线式电子巡更系统，离线式电子巡更系统的缺点是不能实时管理，优点是无须布线、安装简单。

三、管理与监控系统

管理与监控子系统主要有自动抄表装置、车辆出入与停车管理装置、紧急广播与背景音乐、物业服务计算机系统、设备监控装置等。

1. 自动抄表装置

自动抄表装置的应用必须与公用事业管理部门协调。在住宅内安装水、电、气、热等具有信号输出的表具之后，表具的计量数据将可以远传至供水、电、气、热相应的职能部门或物业服务中心，实现自动抄表。应以计量部门确认的表具显示数据作为计量依据，定期对远传采集数据进行校正，达到精确计量。住户可通过小区内部宽带网、互联网等查看表具数据。

2. 车辆出入与停车管理装置

小区内车辆出入口通过 IC 卡或其他形式进行管理或计费，实现车辆出入、存放时间记录、查询和小区内车辆存放管理等。车辆出入口管理装置与小区物业服务中心计算机联网使用，小区车辆出入口处安装车辆出入管理装置。持卡者将车驶至读卡机前取出 IC 卡在读卡机感应区域晃动，值班室电脑自动核对、记录，感应过程完毕，发出“嘀”的一声，过程结束；道闸自动升起；司机开车入场；进场后道闸自动关闭。

3. 紧急广播与背景音乐装置

在小区公共场所内安装紧急广播与背景音乐装置，平时播放背景音乐，在特定分区内可播业务广播、会议广播或通知等。在发生紧急事件时可作为紧急广播强制切入使用，指挥引导疏散。

4. 物业服务计算机系统

物业公司采用计算机管理，也就是用计算机取代人力，完成烦琐的办公、大量的数据检索、繁重的财务计算等管理工作。物业服务计算机系统基本功能包括物业公司管理、托管物业服务、业主管理和系统管理四个子系统。其中物业公司管理子系统包括办公管理、人事管理、设备管理、财务管理、项目管理和 IS0 9000、IS0 14000 管理等；托管物业服务子系统包括托管房产管理、维修保养管理、设备运行管理、安防卫生管理、环境绿化管理、业主委员会管理、租赁管理、会所管理和收费管理等；业主管理包括业主资料管理、业主入住管理、业主报修管理、业主服务管理和业主投诉管理等；系统管理包括系统参数管理、系统用户管理、操作权限管理、数据备份管理和系统日志管理等；系统基本功能中还应具备多功能查询统计和报表功能。系统扩充功能包括工作流程管理、地理信息管理、决策分析管理、远程监控管理、业主访问管理等功能。

物业服务计算机系统可分为单机系统、物业局域网系统和小区企业内部网系统三种体系结构。单机系统和物业局域网系统只面向服务公司，适用于中小型物业服务公司；小区企业内部网系统面向物业服务公司和小区业主服务，适用于大中型物业服务公司。

5. 设备监控装置

小区物业服务中心或分控制中心内应具备下列功能：

（1）变配电设备状态显示、故障警报；

（2）电梯运行状态显示、查询、故障警报；

（3）场景的设定及照明的调整；

（4）饮用蓄水池过滤、杀菌设备监测；

（5）园林绿化浇灌控制；

（6）对所有监控设备的等待运行维护进行集中管理；

（7）对小区集中供冷和供热设备的运行与故障状态进行监测；

（8）公共设施监控信息与相关部门或专业维修部门联网。

四、通信网络系统

通信网络系统由小区宽带接入网、控制网、有线电视网和电话网等组成。近年来，新建的居住小区每套住宅内大多安装了家居综合配线箱。它具有完成室外线路（电话线、有线电视线、宽带接入网线等）接入及室内信息插座线缆的连接、线缆管理等功能。

五、智能型产品与技术

智能型产品是以智能技术为支撑，提高绿色建筑性能的系统与技术。节能控制系统与产品，如：集中空调节能控制技术、热能耗分户计量技术、智能采光照明产品、公共照明节能控制、地下车库自动照明控制、隐蔽式外窗遮阳百叶、空调新风量与热量交换控制技术等。节水控制系统与产品，如：水循环再生系统、给排水集成控制系统、水资源消耗自动统计与管理、中水雨水利用综合控制等。

利用可再生能源的智能系统与产品，如：地热能协同控制、太阳能发电产品等。室内环境综合控制系统与产品，如：室内环境监控技术、通风智能技术、高效的防噪声系统、垃圾收集与处理的智能技术。

六、利用智能技术实现节能、节水、节材

1. 传感器

实现节能、节水、节材的智能技术都离不开传感器，传感器在运营管理中发挥着很大的作用。传感器就像人的感觉器官一样，能够感应需测量的内容，并按照一定的规律转换

成可输出信号。传感器通常由敏感元件和转换元件组成。现在很多楼道内安装了声控灯，夜晚有人走动时，发出声响，灯就能自动开启，这是由于灯内安装了声传感器；燃气泄漏报警装置是靠燃气检测传感器发出信号而工作的；电冰箱、空调机控制温度是靠温度传感器工作。

2. 采用直接数字控制

直接数字控制（DDC）技术在智能化中已广泛采用。计算机速度快，且都具有分时处理功能，因此能直接对多个对象进行控制。在 DDC 系统中，计算机的输出可以直接作用于控制对象，DDC 已成为各种建筑环境控制的通用模式。过去采用继电器等元件控制方式，随着 DDC 技术的发展已由计算机控制所取代。如采用 DDC 系统对建筑物空调设备进行控制管理，可以有效改善系统的运行品质，提高管理水平。控制点的多少是 DDC 的重要指标，控制点越多，表明其控制功能越强，可控制和管理的范围越大。在实际工程中应根据被控对象的要求去选择 DDC 控制器的点数。

3. 采用变频技术

采用变频技术具有很高的节能空间，这一点许多国家已达成共识。目前多国都已规定流量压力控制必须采用变频调速装置取代传统方式，我国国家能源法也明确规定风机泵类负载应该采用电力电子调速。

变频技术的核心部件是变频器。变频器是利用半导体器件开与关的作用将电网电压 50 赫兹变换为另一频率的电能控制装置。以空调机为例来说明其工作原理：夏天当室内温度升高，大于设定值时，变频器输出频率增大，电动机转速升高，引起室内温度降低；室内温度低于设定值时，调节器输出减小，使变频器输出频率减小、电动机转速降低，从而使室内温度始终在设定值附近波动。采用这种方式节能，是因为风机、泵类的输出功率 $P=kN^3$（N 为转速），即风机、泵类的输出功率与转速的三次方成正比。如果空调压缩机的转速是由供电电网的 50 赫兹频率决定的，那么，在这种条件下工作的空调称为定频空调。使用定频空调，要调整室内的温度，只能依靠其不断地“开、关”压缩机来实现。一开一停之间容易造成室温忽冷忽热，并消耗较多电能。而变频空调这种工作方式，室温波动小，舒适度提高了，而且省电。一般来说，变频空调比同等规格的定频空调节能 35%。

我国的电动机用电量占全国发电量的 60%~70%，风机、水泵设备年耗电量占全国电力消耗的 1/3。因此，通过变频调速器来调节流量、风量，应用变频器节电潜力非常大。随着自动化程度的提高、人们环保意识的加强，变频器将得到更广泛的应用。

结　语

随着社会和经济的发展，建筑业逐渐变得炙手可热，成了很多投资者感兴趣的行业，它日益提高的地位也逐渐使它受到了越来越多的关注，但同时在项目建设期间所采用的施工技术和施工管理的很多问题也都出现了，而这个快速发展的时代又将绿色、节能减排作为建筑领域的另一新主题。我国已经进入工业化和城镇化飞速发展的社会阶段，我国社会经济的迅猛发展为建筑行业的发展带来了巨大的契机。但是，建筑行业已经成为对环境造成巨大影响的行业，巨大的资源和能源消耗已经成为现今建筑行业发展的重要问题，所以，绿色施工作为建筑行业可持续发展的重要手段应该越来越多地被推广和应用。

只有在施工过程中认真贯彻绿色施工管理，才能保证能源资源合理开发利用，保证工程的施工质量，减少对环境的破坏，实施资源的可持续发展，提高企业生产效率，实现企业经济效益与社会效益双赢的目的。绿色建筑的施工技术中所提到的一些关于材料的有效运用，除了水资源的合理利用及在施工管理措施上对相关资源的控制、废料的回收，还要注重施工时如何做到对环境的保护，只有加强节能、环保等一系列绿色建筑理念，才能为我们所居住的城市建造真正意义上的绿色建筑。

综上分析，绿色建筑是我国未来发展的必然，其是为了响应国家节能减排的号召而诞生的。对于建筑行业长期发展来讲加强绿色建筑施工管理势在必行，不单单能够提高建筑工程的整体效益，还能保证社会公众生活在绿色的环境中。为此，相关部门需提升绿色环保意识，重视绿色建筑推广，推动我国绿色建筑持续稳定的发展。

参考文献

[1] 沈艳忱，梅宇靖 . 绿色建筑施工管理与应用 [M]. 长春：吉林科学技术出版社，2018.

[2] 湖南省土木建筑学会，杨承想，陈浩 . 绿色建筑施工与管理 2018 版 [M] 北京：中国建材工业出版社，2018.

[3] 杨文领，潘统欣 . 建筑工程绿色监理 [M]. 杭州：浙江大学出版社，2017.

[4] 严晗 . 高海拔地区建筑工程施工技术指南 [M]. 北京：中国铁道出版社有限公司，2019.

[5] 刘冰 . 绿色建筑理念下建筑工程管理研究 [M]. 成都：电子科技大学出版社，2017.

[6] 海晓凤 . 绿色建筑工程管理现状及对策分析 [M]. 长春：东北师范大学出版社，2017.

[7] 潘智敏，曹雅娴，白香鸽 . 建筑工程设计与项目管理 [M]. 长春：吉林科学技术出版社，2019.

[8] 章峰，卢浩亮 . 基于绿色视角的建筑施工与成本管理 [M]. 北京：北京工业大学出版社，2019.

[9] 石元印，邓富强 . 建筑施工技术 [M] 重庆：重庆大学出版社，2016.

[10] 强万明 . 超低能耗绿色建筑技术 [M]. 北京：中国建材工业出版社，2020.

[11] 陆总兵 . 建筑工程项目管理的创新与优化研究 [M]. 天津：天津科学技术出版社，2019.

[12] 王新武，孙犁 . 建筑工程概论 [M]. 武汉：武汉理工大学出版社，2019.

[13] 蔡军兴，王宗昌，崔武文 . 建设工程施工技术与质里控制 [M]. 北京：中国建材工业出版社，2018.

[14] 彭靖 . BIM 技术在建筑施工管理中的应用研究 [M]. 长春：东北师范大学出版社，2017.

[15] 王建雷，申禧 . 建筑工程施工管理与技术 [M]. 石家庄：河北人民出版社，2012.

[16] 郝永池 . 建筑工程质量与安全管理 [M]. 北京：北京理工大学出版社，2017.

[17] 师卫锋 . 土木工程施工与项目管理分析 [M] 天津：天津科学技术出版社，2018.

[18] 李飞，杨建明 . 绿色建筑技术概论 [M]. 北京：国防工业出版社，2014.

[19] 陈诗 . 智能化绿色建筑施工中低耗节能理念的应用 [J]. 智能建筑与智慧城市，

2022(02)：118-120.

[20] 郑炎 . 医院建筑施工管理及绿色建筑施工管理问题探讨 [J]. 中国建筑装饰装修，2022(02)：83-84.

[21] 蔺雪兴 . BIM 技术在绿色建筑施工管理中的应用 [J]. 智能建筑与智慧城市，2021(12)：126-127.

[22]Samuel Fiifi Hammond，Thayaparan Gajendran，David A Savage，Kim Maund. Unpacking the problems behind the limited green construction adoption:towards a theoretical model[J].Engineering Construction and Architectural Management，2021，28(4).

[23] 蔡志芳，郭锡明 . 绿色建筑施工技术的实施与优化 [J]. 陶瓷，2021(12)：99-100.

[24] 林琛 . 绿色建筑施工质量控制方法 [J]. 陶瓷，2021(12)：124-125.

[25] 白艳兵 . 绿色建筑施工管理理念及有效实施策略探讨 [J]. 现代商贸工业，2021，42(34)：160-161.

[26]Onubi Hilary Omatule，Yusof Nor’Aini，Hassan Ahmad Sanusi，Bahdad Ali Ahmed Salem.Analyzing the mediating effect of economic performance on the relationship between green construction practices and health and safety performance in Nigeria.[J].Environmental science and pollution research international，2021，28(27).

[27] 陈兆波 . 浅析绿色建筑施工管理及在建筑施工管理中的应用 [J]. 建筑技术开发，2021，48(20)：71-72.

[28] 陈宏波 . 土木工程绿色施工的发展与应用分析 [J]. 工程与建设，2021，35(05)：1031-1032.

[29] 卫甜甜 . 建筑施工绿色建筑施工技术问题以及应用分析 [J]. 陶瓷，2021(10)：117-118.

[30] 黄可青 . 绿色建筑施工管理及在建筑施工管理中的应用 [J]. 陶瓷，2021(10)：127-128.

[31] 朱江涛，李昕，崔伟 . 绿色建筑施工管理及在建筑施工管理中的应用浅谈 [J]. 陶瓷，2021(10)：131-132.

[32] 杨树国 . 绿色建筑施工管理的理念及在建筑施工管理中的应用 [J]. 砖瓦，2021(10)：132+134.

[33] 孟泽宇 . 绿色建筑材料在土木工程施工中的运用分析 [J]. 居舍，2021(27)：25-26+36.

[34]Hilary Omatule Onubi，Nor’Aini Yusof，Ahmad Sanusi Hassan.How environmental performance influence client satisfaction on projects that adopt green construction practices：The role of economic performance and client types[J].Journal of Cleaner Production，2020，272(prepublish).

[35] 刘建仪，邹清华 . 绿色建筑设计与施工技术的应用 [J]. 工程建设与设计，

2021(17)：24-26.

[36] 杜煌文 . 绿色节能建筑施工技术及实施关键点 [J]. 四川水泥，2021(09)：291-292.

[37] 罗杰，平晓雷，殷姿 . 绿色建筑施工与设计要点分析 [J]. 工程建设与设计，2021(16)：169-171.

[38] 张乃升，夏炜妍 . 绿色建筑施工废弃物低碳处理技术研究 [J]. 低碳世界，2021，11(08)：37-38.

[39] 冯勇，李晓林，徐伟，赵鹏 . 绿色建筑工程施工现场文明施工管理创新浅析 [J]. 建材发展导向，2021，19(16)：50-51.

[40]Amani Ali，Ramezanianpour Amir Mohammad，Palassi Massoud.Investigation on the sustainable use of electric arc furnace slag aggregates in eco-friendly alkali-activated low fineness slag concrete as a green construction composite[J].Journal of Cleaner Production，2021，307.

[41] 乔随喜 . 绿色建筑施工管理在建筑施工中的应用 [J]. 建材发展导向，2021，19(16)：206-207.

[42] 郭兴平 . 建筑工程施工管理与绿色建筑工程施工管理的研究 [J]. 砖瓦，2021(08)：156-157.

[43] 张静 . 绿色建筑理念在建筑施工图设计中的应用 [J]. 山西建筑，2021,47(16)：38-40.

[44] 陈志伟 . 绿色建筑材料在土木工程施工中的应用分析 [J]. 大众标准化，2021(15)：11-13.

[45]Wang Yujing，Chong Dan，Liu Xun.Evaluating the Critical Barriers to Green Construction Technologies Adoption in China[J].Sustainability，2021，13(12).